爱上科学
Science

课堂上的数学还可以这样学

那些在生活中随处可用的数学知识

小宫山博仁　编著

郑刘悦　译

U0152525

人民邮电出版社

北京

图书在版编目（CIP）数据

课堂上的数学还可以这样学 ：那些在生活中随处可用的数学知识 ／（日）小宫山博仁编著 ；郑刘悦译. -- 北京 ：人民邮电出版社，2022.12
（爱上科学）
ISBN 978-7-115-58941-5

Ⅰ．①课… Ⅱ．①小… ②郑… Ⅲ．①数学－普及读物 Ⅳ．①O1-49

中国版本图书馆CIP数据核字（2022）第096625号

版 权 声 明

内 容 提 要

数学是非常重要的一门学科，在我们的日常生活中不可或缺。学好数学对每个人都非常重要，较好的数学素养与能力令人终身受益。只要知道并掌握基本的思考方法，学习数学就会非常简单有趣！

本书将中小学阶段令人感到头疼的数学知识重新分析梳理，并将知识应用于经常接触到的生活场景中。通过本书，读者能够将自己所学的数学基础知识活学活用，举一反三。阅读本书，读者能够认识到学习数学的重要性，体会到学习数学的乐趣，进而喜欢数学、爱上数学，获得"数学"的思维方式！本书适合青少年和对数学感兴趣的普通读者阅读。

◆ 编　　著　[日]小宫山博仁
　　译　　　　郑刘悦
　　责任编辑　胡玉婷
　　责任印制　陈　犇

◆ 人民邮电出版社出版发行　　北京市丰台区成寿寺路 11 号
　　邮编　100164　电子邮件　315@ptpress.com.cn
　　网址　https://www.ptpress.com.cn
　　涿州市京南印刷厂印刷

◆ 开本：880×1230　1/32
　　印张：4　　　　　　　　　　　　2022 年 12 月第 1 版
　　字数：86 千字　　　　　　　　2022 年 12 月河北第 1 次印刷
　　著作权合同登记号　图字：01-2021-0043 号

定价：59.80 元
读者服务热线：(010)81055493　印装质量热线：(010)81055316
反盗版热线：(010)81055315
广告经营许可证：京东市监广登字 20170147 号

✾前言

如今，在职场中，算术和数学¹得到职场人士越来越多的关注，当然在教育界也是如此。从 2020 年起，日本的小学开设了编程课。这样做的目的并不是将学生都培养成程序员，而是希望培养学生的逻辑思维。很多人知道，若不按照一定步骤操作，普通手机或智能手机就无法正常使用。按步骤操作才能正常使用的并非只有机器，人类在工作或享受闲暇时光时，也会在不知不觉中依照一定的逻辑采取行动。

日本的学校使用"解决问题的能力"这一说法已经有 10 多年。在全球化的社会进程中，必须解决的难题已堆积如山。在教科书中，"可持续社会""SDG"²等词汇今后将会频繁出现。人们对这些话题感兴趣，并拥有能使用逻辑思维生存下去的能力，便是算术教育和数学教育想要实现的愿望。

本书旨在向读者传达算术和数学的神奇之处与趣味性，书中介绍了能够帮助读者分析解题过程和原理的内容，也提出了一些应用于日常生活的算术和数学话题。此外，还有一些内容能够帮助读者培养逻辑思维能力。在多数情况下，数字会带有单位，但我们经常意识不到数字在进行乘法或除法运算后，其单位会发生变化。有时候，小孩子提出的质朴的疑问其实也相当深奥。能够迅速回答出 "$2\frac{1}{3}$ 为什么可以由 $2 \times 3 + 1 = 7$ 变换为 $\frac{7}{3}$" "带单位的分数与不带单位的分数的区别是什么" "圆的面积为什么可以用

1　译注：与我国不同，日本小学数学被称为"算术"，小学之后才称为"数学"。

2　译注：Sustainable Development Goal 的缩写，联合国可持续发展目标，指导 2015—2030 年的全球发展工作。

半径 × 半径 ×3.14 求取"（详见第 5 章）等问题的大人其实少
得出乎意料。

我在书中不仅解答了算术和数学问题，而且也希望读者能够
以此为契机，用算术和数学思维将"可持续社会"变为可能。作
为训练逻辑性思考的一个例子，本书介绍了在初中数学中最受关
注的"中位线定理"。证明该定理所需的"知识"如下：①三角
形的性质；②中点的含义；③比和比值（将标准量视为单位 1 时，
比较量所对应的比例被称为比值）；④平行线的性质；⑤三角形
全等条件；⑥平行四边形的性质。本书灵活应用了①～⑥的所有
知识，通过逻辑性的步骤证明该定理。

在小学和中学时代，学生们一边学习数学，一边自然而然地
掌握了"编程"技巧。读者若能通过本书了解数学在学习、工作
与生活中的作用，并喜欢上数学，还能将其应用在现实生活中，
便是我的荣幸。

2020 年 2 月 29 日

小宫山博仁

✺译者注

日本的数学教育与我国的数学教育有所差异。如日本小学的数学被称为"算术"，并且小学就会划分出代数与几何两个科目，到了初中，"数学"二字才正式出现在教科书上。

除了科目名称的不同，日本对于部分知识点的安排也与我国不尽相同。如我国学生在小学阶段就已经学习用字母来表示数，而日本小学算术与初高中数学的最大区别是初高中数学出现了"字母与表达式"。

在翻译时，我保留了原版书中的说法，也未因其与我国数学教育不相符而做出删减或改动，"他山之石，可以攻玉"，冀望本书可以为读者带来更多知识和独特灵感。

有关日本数学教育与我国数学教育的差异之处，此后不再逐一注明。

目录

第4章　　　应用于日常生活中的数学

第5章　　　大人也答不上来的算术谜题

算术与数学的滥觞

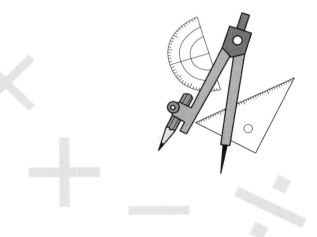

算术之始

试探日本算术与数学的风貌

　　由于所用教材不同，各个国家教授算术的方式有些许差异。在日本，老师会要求学生将"九九乘法表"从 1×1 到 9×9 的答案全部背下来；而在印度，老师会要求学生将诸如 19×19、12×18 等二位数乘法的答案也背下来。"算术"这一用语原本被称为"计算"，是数学的基础科目。据说在 1941 年前后，日本才将"算术"用作学科名称。

　　在思考算术的起源时，有必要了解其与日本传统数学之间的关系。日本传统数学可谓是日本现代数学的前身，在江户时代得到了很大发展。

　　其中尤为出名的是 1627 年由吉田光由（1598—1672）撰写的《尘劫记》。该书记载了算盘的用法和测量法等知识在日常生活中的应用实例。

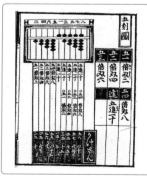

由吉田光由撰写的《尘劫记》中关于算盘的使用方法的书页。

和日本现代数学有着密切关系的日本传统数学，在江户时代得到了很大发展！

　　而要说到在日本数学史上划时代的人物，关孝和（1642—1708）可谓是其中之一。他发现了用字母或算式表示数学问题的条件，然后据此整理问题及解决问题的方法。甚至有人认为日本数学便是以其思考方式为根基的。

探索四则运算符号的起源

"+" "−" "×" "÷" 诞生于何时

　　我们在小学阶段学习了四则运算，即在日常生活中普遍使用的"+""−""×""÷"计算。得益于这些运算符号，计算变得不那么令人痛苦，数学也得以发展。那么，"+""−""×""÷"这些我们所熟知的符号是从什么时候开始被使用的呢？关于这一点，众说纷纭，此处便介绍其中具有代表性的说法。首先是"+"和"−"。

　　在航海时，淡水在船上是十分宝贵的。为了标记水桶中贮存的水量，当水量减少、水面下降时，人们会在相应位置刻上一个"−"记号。由此，代表着减少这一意思的符号便成了代表减法运算的符号。与之相反，当水量增加时会标记一个"+"记号。

　　相传，最先使用这两个符号的是德国数学家约翰内斯·魏德曼。1489 年，他的著作《商业速算法》中出现了这两个运算符号。另有文献记载，1514 年，荷兰数学家范迪·赫克就已经将这两个符号依照如今的含义（"+"代表加法运算，"−"代

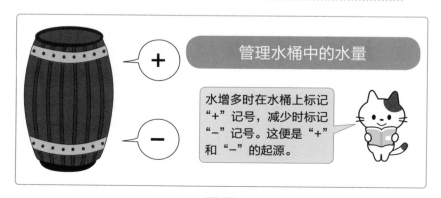

管理水桶中的水量

水增多时在水桶上标记"+"记号，减少时标记"−"记号。这便是"+"和"−"的起源。

表减法运算）进行使用了。

那么"×"和"÷"又是怎么来的呢?

将"×"作为乘号使用的是英国数学家威廉·奥特雷德，他将"×"记录于其著作《数学之钥》（1631 年）之中。这便是最早出现的"×"号。而"÷"则由瑞士数学家约翰·海里希·拉恩在著作《代数学》（1659 年）中作为除法运算的符号使用。顺便一提，也有说法是"÷"这一符号并非由约翰·海里希·拉恩所开创，而是由英国数学家约翰·佩尔设计的。将除法写作分数时，"÷"的上下两个"·"分别表示分子与分母（但"÷"并非世界通用的符号，德国用"："表示除法运算的符号）。

在四则运算中，若无"="则等式无法成立。"="由英国数学家罗伯特·雷科德在《砺智石》（1557 年）中使用，代表"不存在如两条平行线一样完全相等的事物"。基于此含义，"="这一符号被作为"相等"之意进行使用。

符号"×""÷""="的起源

"×"——威廉·奥特雷德将乘号记录于其所著的《数学之钥》中。

"÷"——在约翰·海里希·拉恩所著的《代数学》中首次出现。

"="——由"不存在如两条平行线一样完全相等的事物"之意而诞生。

推动数学发展的数学家

从古希腊、古罗马时代起，人们便不断地对数学进行探索，也留存有相应的记录。可以这样说，若没有数学家的贡献，则现代社会中这些被我们视为理所当然的日常生活就不会存在。数学的发展与我们的生活有着如此紧密的联系。本小节中，我将介绍几位主要的数学家，他们发现了部分出现在初中与高中数学教科书中的定理。

公元前，古希腊著名的数学家有泰勒斯和毕达哥拉斯。**泰勒斯**发现了圆周角定理之一的"泰勒斯定理"。而**毕达哥拉斯**发现的、在初中教科书中必定出现的毕达哥拉斯定理（中国称之为"勾股定理"）亦十分出名（详见第 10 页）。

第 68 页介绍的"黄金比例"的思想基础"斐波那契数列"的发现者、意大利数学家列奥纳多·斐波那契（约 1170—1240）在 12 世纪时崭露头角。据说他的著作《算盘全书》（1202 年）给数学界带来了巨大的变革。

活跃于公元前的古希腊时代的著名数学家

泰勒斯（约公元前 624—公元前 546）

毕达哥拉斯（约公元前 582—公元前 496）

进入 16 世纪后，各种新定理不断被发现。意大利数学家吉罗拉莫·卡尔达诺（1501—1576）发现了三次方程的解法，苏格兰数学家约翰·纳皮尔（1550—1617）发明了对数，继而是因帕斯卡定理而闻名的法国数学家布莱瑟·帕斯卡（1623—1662），据说他也是概率论的创始人之一。在高中数学中众所周知的"微积分"也是出现于这一时期。创立微积分的是英国数学家艾萨克·牛顿（1643—1727）和德国数学家戈特弗里德·威廉·莱布尼茨（1646—1716）。同一时期，意大利数学家乔瓦尼·塞瓦（1647—1734）发现了将于第 110 页介绍的"塞瓦定理"。

法国数学家约瑟夫·傅里叶（1768—1830）于 19 世纪发现的傅里叶级数被广泛应用于现代社会中的 Wi-Fi 通信中。"贝叶斯定理"的发现者、英国数学家托马斯·贝叶斯（1702—1761）亦十分出名（详见第 54 页）。他发现的定理对统计学世界产生了巨大影响，贝叶斯定理对后来的计算机中垃圾邮件的识别方法与人工智能发展起到重要作用，同时也是这些算法的思想基础。

为了让日常生活更加方便，数学被广泛应用于各种各样的场合。人工智能（AI）亦是其中一例。

圆周率究竟是什么

按 3.14 记忆的圆周率在小数点后有多少位

圆周率指圆的周长与其直径的比值。圆周率是无理数（在实数范围内无法用分数形式表示的小数），即无法除尽的无限不循环小数。圆周率用希腊字母 π（Pi）表示。在英国数学家威廉·奥特雷德的著作中，他最早将 π 这一符号用作代表半圆的圆弧部分长度的字母。之后到了 18 世纪，经威尔士数学家威廉·琼斯和瑞士数学家莱昂哈德·欧拉等的改进，π 开始作为代表圆周率的符号被使用并广泛传播开来。

圆周率的小数点后的数字可无限延续，这一点已经被数学家所证明。关于圆周率的故事最早可以追溯到古希腊。公元前 1650 年前后，3.160 5 作为圆周率的近似值而被记录在著名的埃及数学书《莱因德纸草书》中。到了公元前 3 世纪前后，希腊数学家阿基米德致力于圆周率的计算。他利用内接、外切于圆的正多边形计算圆的周长，从而发现了 $3\frac{10}{71} < \pi < 3\frac{1}{7}$ 这一不等式。将该分数转化为小数，则不等式可写为 3.140 8< π <3.142 8。

由于荷兰数学家鲁道夫·范科伊伦在圆周率的计算中做出了贡献，圆周率在部分国家也被称为鲁道夫数。17 世纪，他成功将圆周率计算到小数点后 35 位。

数学家们尚未弄清圆周率的确切数值。如圆周率这般的"无理数"，是一种永远无法知道确切数值的不可思议的数字。

进入 20 世纪后，由于计算机的发展，人们计算出的圆周率的小数位数飞速增长。根据记录，1949 年，使用美国开发的电子数字积分计算机（ENIAC），圆周率被计算到了小数点后 2037 位。到了 1974 年，圆周率的小数位数不断增加，直到超过了 100 万位。截至 2019 年，圆周率已经被计算到了小数点后 31 415 926 535 897 位。

将分数 $\frac{1}{3}$ 用小数表示则为 0.333 333⋯，在小数部分中数字"3"不断重复，而 $\frac{1}{7}$ 等于 0.142 857 142 857⋯，"142 857"在小数部分不断重复出现。

但是圆周率的小数部分不仅长度无限且毫无规律可循。这样的**数字被称为"无理数"**。同为无理数的还有如 $\sqrt{2}$ =1.414 213 56⋯、$\sqrt{3}$ =1.732 050 8⋯等数字。

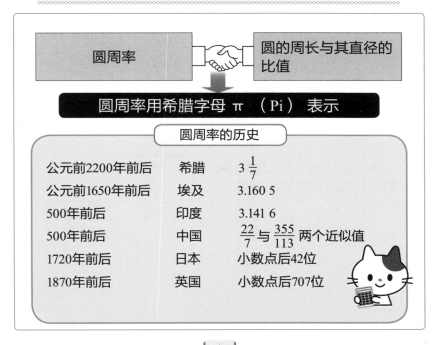

公元前2200年前后　希腊　$3\frac{1}{7}$
公元前1650年前后　埃及　3.160 5
500年前后　印度　3.141 6
500年前后　中国　$\frac{22}{7}$ 与 $\frac{355}{113}$ 两个近似值
1720年前后　日本　小数点后42位
1870年前后　英国　小数点后707位

勾股定理

勾股定理也被称为毕达哥拉斯定理，可以说是广为人知的数学定理。

将直角三角形 ABC 的斜边长 AB 记为 c，其余两边 BC 和 AC 的长度分别记为 a、b。此时，以该三角形的每条边作为自己的一条边的 3 个正方形的面积满足 $c^2=a^2+b^2$ 这一关系。而且，边长满足 $c^2=a^2+b^2$ 这一关系的三角形为直角三角形。例如当 $a=3$、$b=4$、$c=5$ 时，或 $a=5$、$b=12$、$c=13$ 时，该三角形为直角三角形。满足两数的平方和等于第三个数的平方这一关系的整数组合被称为勾股数。

勾股定理从古埃及时代起便被应用于土地划分及区域划分等各种场合。勾股定理的推广有"月牙定理"（详见第 22 页）等。

"直角三角形的斜边长度的平方等于构成其直角的两条边长度的平方和"，

即 $c^2 = a^2 + b^2$ 这一等式成立。

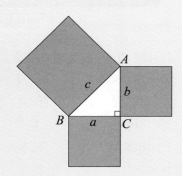

第1章

了解算术与数学的区别

小学算术概要

单纯记忆公式并无任何用处

在小学算术中，我们会学习在成人后的生活中所必需的知识。在日常生活中，我们常常会在无意中进行计算。在购物或旅行时，我们若能迅速算出比例、速度、平均数、面积、体积等，将十分方便。

小学低年级时，我们会学习"加法运算""减法运算""乘法运算"和"除法运算"。大部分人在无意中使用的"九九乘法表"亦是在小学时记忆下来的。在日本，学生需要在小学二年级结束前背下从 1×1 到 9×9 之间的所有运算。此外，他们还会学习用小数表示无法用整数表示的"零星"的量。

随着升入高年级，他们还会学习三角形或长方形的面积计算方法，甚至会学习体积的计算方法。**虽然有现成的面积或体积的计算公式，但算术并非只是一门记忆公式并利用公式得出答案的学科，过程才是最重要的部分。**

很多成年人知道圆的面积计算公式是"半径 × 半径 × 3.14"，但是几乎没有人能够说明为什么用"半径 × 半径 × 3.14"就可以计算出圆的面积；能说明长方形的面积为什么可以用"长 × 宽"求取的人也寥寥无几（详见第 5 章）。

在小学算术的学习内容中，有很多成年人认为是理所当然的知识，但是要注意在算术中重要的并非单纯地解出问题。知道圆面积的计算公式"半径 × 半径 ×3.14"后，**思考"为什么可以用这个公式计算圆面积"才是最重要的。**

在算术中学习的四则运算

"＋"（加法运算）、"－"（减法运算）、"×"（乘法运算）、"÷"（除法运算）

算术是日常生活中必需的基础知识

认识比例、速度、比等

圆的面积

长方形的面积

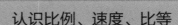

圆的面积计算公式

长方形的面积计算公式

半径×半径×3.14

长×宽

为什么这个公式可以算出面积呢？

（详见第5章）

不要死记硬背在算术中学习的比例、速度等计算公式，理解这些公式才是关键！

小结

理解了"速度＝路程÷时间"等公式的含义，就可以在各种场合中应用这些公式。面积和体积公式也是如此，理解了公式的推导方法，算术将变得更有意思。

初高中数学概要

具备灵活的想象力和逻辑思维

在日本，学生在算术中学习了"代数"与"几何"的基础，进入初中之后，便开始学习"数学"了。将数字替换为字母，学生从初中开始正式学习数学。**学习内容大致可分为"代数""几何"和"函数"。在算术代数中，我们学习了速度、比例、比与平均数等紧贴生活的内容。**在初高中的学习中，只要使用含有字母或代数式的方程，我们便可简单地解出与这些内容相关的文字题。通过使用字母，我们可以愉快地进行一次方程、二次方程、方程组，甚至是不等式组等的计算。即使是面对看起来复杂的问题，只要体验过用方程式或不等式将这些问题解出的过程，初高中的数学也将会变得有趣起来。

在算术几何中，我们学习了三角形、四边形、圆等平面图形，以及正方体、长方体等立体图形。以此为基础，在初中数学中，我们先学习使用字母表示平面图形与空间图形的基础理论，进而认识三角形、平行四边形和圆的性质及相关定理，并使用这些性质和定理证明出图形相等或相似的证明题，在这个阶段，逻辑思维能力是不可或缺的。

在高中，我们将利用初中学到的图形的性质和定理等，学习更加复杂的定理与证明，还会学习引入图形与计量要素的三角比与向量等。**以正比、反比、方程、一次函数及二次函数为中心，我们在初中会学习代数与函数的基本知识。**而在高中则学习二次方程与二次函数、三角函数、微积分等，这些都是与实际生活有少许距离的抽象思维的数学知识。而且，高中数学中增加了"统计"这一科目。"统计"是和日常生活有着密切联系的科目，它在电视收视率、天气预报等方面有所应用。

初中数学　高中数学

代数　几何　函数　统计学

牢固掌握算术、 熟练运用字母表达式

仅仅将其作为公式
进行记忆

随时都能推导
出公式

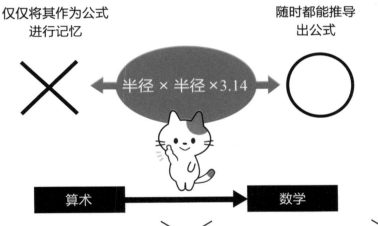

半径 × 半径 ×3.14

算术　数学

以诸如1、5、10等表示具体
量的数字为中心

使用包含诸如x、y等字母的
表达式，有逻辑地思考

在数学中，掌握了计算包含字母的算式的能力，
便可学会抽象的思维方式，也就能够具备逻辑思
维。

小结

掌握了有逻辑地解决数学问题的方法，在处理复杂
的事情时，便可以化繁为简。

方程与"鸡兔同笼问题"的关联性

算术与数学中对问题的思考方式的差异

"鸡兔同笼问题"是著名的文字应用题。如果使用在初中时学到的"方程",此类问题就会变得简单很多。但是由于小学生还未学习方程,所以小学生在求解"鸡兔同笼问题"时,被要求不使用方程,而是画出面积图求解。请看以下例子。

〈问题〉

若购买单价为 63 日元的邮票和单价为 84 日元的邮票共计 30 枚,总价为 2268 日元,那么单价为 63 日元的邮票和单价为 84 日元的邮票分别购买了多少枚? 参考以下面积图思考该问题。

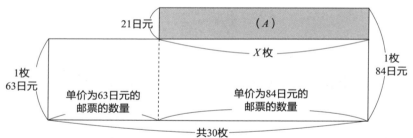

若如上图所示使用面积图思考该问题,则可以不使用方程便推导出答案。若使用方程,则:

设单价为 84 日元的邮票有 x 枚,单价为 63 日元的邮票有 y 枚,由于邮票共 30 枚、总价为 2268 日元,故:

$$\begin{cases} 84x+63y=2268 & ① \\ x+y=30 & ② \end{cases}$$

解出此方程组便可得出同样的答案,即 $x=18$,$y=12$。

由平均每单位的量（单价）、合计数（个数）及总量（总价）求各组成部分的个数的问题被称为"鸡兔同笼问题"。"鸡兔同笼问题"是可以通过画面积图解决的。

解法如下

再次观察第 16 页中所展示的图形。图形高度表示邮票的单价，长度表示邮票的数量，而面积表示合计后的总价。若购买的全是单价为 63 日元的邮票，则总价为 $63 \times 30 = 1890$（日元），这个 1890 是将整个图形的面积减去（A）部分的面积后的数值。$2268 - 1890 = 378$（日元），故（A）部分的面积金额为 378 日元。因为（A）部分的 X 为单价为 84 日元的邮票的数量，所以 $X \cdot (84 - 63) = 378$。由 $X \cdot 21 = 378$ 可得 $X = 18$。即单价为 84 日元的邮票有 18 枚，而单价为 63 日元的邮票有 $30 - 18 = 12$（枚）。

小结　面积图是以逻辑推理攻克问题的方法，而方程则是只要能用字母列出表达式，就能通过后续计算算出答案。可将面积图视为图形表达式，而将方程视为数字表达式。

算术与数学的区别

不仅是"会用"，重要的是"理解"

在小学算术中，一开始便会学习加法运算、减法运算、乘法运算与除法运算。此时，在监护人之间可能会广泛流传一种对算术的错误看法，即"只要会计算即可"。确实，运算能力是必需的。但是，算术并不仅仅是对"买了 2 个单价为 300 日元的苹果，总价是多少钱"列出 $300 \times 2 = 600$ 这一算式并算出答案的简单学科。**加法有着"合计、增加"之意，减法有着"取走、差异"之意，乘法有着"平均每单位的量 × 份数"之意，除法有着"等分、包含"之意。**小学高年级时会学习有着"平均每单位的量"之意的诸如平均数、人口密度、速度、比例、比等在日常生活中经常被使用的重要内容。虽然此时出现了诸如"路程 ÷ 速度 ＝ 时间"等公式，但只是记忆公式称不上是算术。低年级算术是边看具体的数字或图形边学习，但进入高年级之后，就增加了如"平均"等一些需要抽象思维的知识。若只是列出公式算出答案，那么算术和数学都将毫无乐趣可言。带着"为什么"这一疑问理解原理构成，然后熟练运用，可谓是学习算术最重要的目的。

那么小学算术与初高中数学有什么区别呢？**最明显的区别是"字母与表达式"的出现。**由此可以将看起来复杂的文字或事件用字母表中的字母与阿拉伯数字写成简洁的"字母表达式"。数学是一门可以通过灵活运用字母表达众多现象的、需要抽象思维的学科。

算术　🤝　数学

不仅是"学会 = 解出问题"
重要的是"领会 = 理解"

理解算术与数学　🤝　在日常生活中有所帮助

这次尝试用方程组求解鸡兔同笼问题。

〈问题〉

若购买单价为63日元的邮票和单价为84日元的邮票共计12枚，付款时付了一张1000日元面值的纸币，找零76日元，那么单价为63日元的邮票和单价为84日元的邮票分别购买了多少枚?

〈讲解〉

设单价为63日元的邮票有x枚，单价为84日元的邮票有y枚，便可列式如下，使用由简单的字母组成的方程组来表达冗长的文字。

$$\begin{cases} x + y = 12 \\ 63x + 84y = 1000-76 \end{cases} \quad \longrightarrow \quad \begin{cases} 63x + 63y = 756 \\ 63x + 84y = 924 \end{cases}$$

解该方程组可得$x = 4$，$y = 8$。

由此可知，单价为63日元的邮票有4枚，单价为84日元的邮票有8枚。

通过灵活运用字母，数学这一学科取得了飞速发展。通过用有限的字母表现复杂的现象，一次方程、二次方程、函数、三角函数、微积分、概率、统计等成了与我们距离很近的知识!

小结

想要成为能够有逻辑地思考事物且擅长构思的人，首先需要学习的基础科目便是"算术"，而学习其方法论的科目大概便是"数学"了。

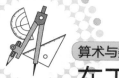

在工作中发挥作用的算术问题

为了具备逻辑思维方式

"牛顿问题"是在算术与数学中出现的一类文字题。为了完成某项工作,工作效率和工作时间之间存在反比例关系,以此来求取工作时间或工作效率的问题被称为"工程问题"。"牛顿问题"与之有相似之处,但其特点在于多了一个条件——在完成工作的同时,工作总量也在增加或减少。

尝试思考以下问题:"有一项工作,A 一人一天工作 3 小时,则 12 天可以完成。现在 A 一人一天工作 4 小时,那么该工作需要几天完成?"

可知 A 的工作总量为 $3 \times 12 = 36$ 个单位。若按照每天 4 小时,即 4 个单位的工作效率计算,则 $36 \div 4 = 9$,即 9 天可完成该工作。

这便是工作效率与工作时间成反比例关系的例子,即"工程问题"。

在"工程问题"的基础上,增加工作人数与工作总量在完成工作的过程中发生变化这一条件,便是"牛顿问题"。

下面介绍"牛顿问题"。

"某广场上,草按照一定的速度生长,人们想利用山羊来除草。已知 2 只山羊 15 天可以把草吃完,3 只山羊 9 天可以把草吃完,那么 5 只山羊几天可以把草吃完?"

人们在不知不觉中使用着类似"牛顿问题"的思考方式!

该问题中，假定了一个草以一定速度生长、每只山羊都持续以一定量吃草的场景。

运用抽象思维，有逻辑地按顺序解题，则步骤如下所示。

此类问题之所以被称为"牛顿问题"，据说是由于艾萨克·牛顿在 1687 年出版发行的《自然哲学的数学原理》一书中发表了后来成为"牛顿问题"的原型的问题。

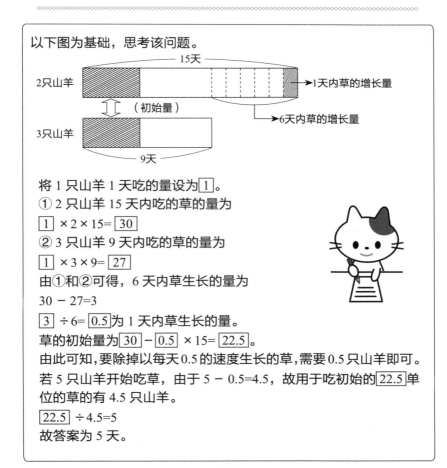

以下图为基础，思考该问题。

将 1 只山羊 1 天吃的量设为 $\boxed{1}$。
① 2 只山羊 15 天内吃的草的量为
$\boxed{1} \times 2 \times 15 = \boxed{30}$
② 3 只山羊 9 天内吃的草的量为
$\boxed{1} \times 3 \times 9 = \boxed{27}$
由①和②可得，6 天内草生长的量为
$30 - 27 = 3$
$\boxed{3} \div 6 = \boxed{0.5}$ 为 1 天内草生长的量。
草的初始量为 $\boxed{30} - \boxed{0.5} \times 15 = \boxed{22.5}$。
由此可知，要除掉以每天 0.5 的速度生长的草，需要 0.5 只山羊即可。
若 5 只山羊开始吃草，由于 $5 - 0.5 = 4.5$，故用于吃初始的 $\boxed{22.5}$ 单位的草的有 4.5 只山羊。
$\boxed{22.5} \div 4.5 = 5$
故答案为 5 天。

月牙定理

第 10 页曾经提到，月牙定理是毕达哥拉斯定理（勾股定理）的一个推广。

分别绘制以直角三角形 ABC 的各边 AB、AC、BC 为直径的半圆。从以 AB 为直径的半圆面积和以 AC 为直径的半圆面积之和，减去以 BC 为直径的半圆面积后所得的面积为 0，即面积 S_1、S_2 的和与直角三角形 ABC 的面积 S_3 相等。此关系被称为月牙定理。

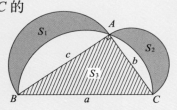

月牙定理证明如下。

$$S_1 + S_2 = S_3$$

$$+\left(\frac{c}{2}\right)^2 \pi \cdot \frac{1}{2} \qquad \text{以 } AB \text{ 为直径的半圆面积}$$

$$+\left(\frac{b}{2}\right)^2 \pi \cdot \frac{1}{2} \qquad \text{以 } AC \text{ 为直径的半圆面积}$$

$$-\left(\frac{a}{2}\right)^2 \pi \cdot \frac{1}{2} \qquad \text{以 } BC \text{ 为直径的半圆面积}$$

$$= S_3 + \frac{\pi}{2} \cdot \frac{1}{4}(c^2 + b^2 - a^2)$$

由 $c^2 + b^2 = a^2$（勾股定理）可得

$$c^2 + b^2 - a^2 = 0$$

因此，$S_1 + S_2 = S_3$。

这个图形被称为"希波克拉底月牙"。

第2章

了解小学算术

代数的基本思考方式

在小学里学会四则运算的基础

数包含数量（量）和顺序。苹果 3 个、圆珠笔 7 支、质量 60kg 等表述中的数代表量的多少。其中，苹果和圆珠笔可以一个个计数，但质量是连续变量，故无法一个个计数。牛奶、果汁之类的液体需要用 350mL 等来表示量的多少，液体的量也是无法一个个计数的。此外，还有表示顺序的数。"2018 年，在 OECD[1] 的 PISA[2] 中，日本学生的阅读能力降至第 15 位"等新闻曾一度成为日本热点话题。这里的"15"即为表示顺序的数。**算术中的数主要指带有量的数，表示具体的量或比例。**因此，数字（1，2，3…）的后面通常带有单位或符号，如 1 个、1 支、1m、1kg、$1m^2$、1km/h、1% 等。从初中数学开始，数渐渐变为不考虑单位的数字或字母。

算术中的代数包含具体的肉眼可见的数量，以及如比例、速度等肉眼不可见的数量。但由于大部分是与实际生活紧密联系的内容，故在掌握量的概念的同时便可理解。此时学校一般会要求学生拥有能够以一定速度计算整数、小数和分数的四则运算的"运算能力"，还要求学生能够轻松地计算 4 位数以内的四则运算，即加法运算、减法运算、乘法运算和除法运算。

1　译注：Organization for Economic Cooperation and Development，经济合作与发展组织，简称经合组织，是由 38 个市场经济国家组成的政府间国际经济组织，旨在共同应对全球化带来的经济、社会和政府治理等方面的挑战，并把握全球化带来的机遇。

2　译注：The Program for International Student Assessment，国际学生评价项目。是 OECD 进行的对 15 岁学生的阅读、数学、科学能力进行评价研究的项目。

　　在比例或圆的相关问题中也需要学生拥有小数的运算能力。在具备了运算能力之后，若还拥有四舍五入的知识，那么即使不依靠计算器，也能在脑海中算出大概的结果。除此之外还要学习分数的乘法运算和除法运算，虽然在实际生活中并没有多少能应用与分数相关的乘除法运算的地方，但如果我们能掌握分数的相关运算，便能更好地理解比例（详见第 84 页）。

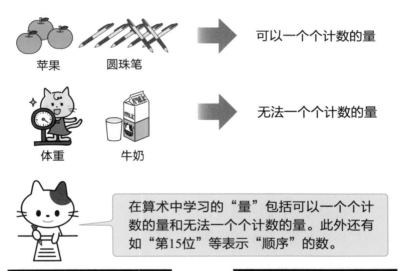

苹果　　　　圆珠笔　　　　　　可以一个个计数的量

体重　　　　牛奶　　　　　　　无法一个个计数的量

在算术中学习的"量"包括可以一个个计数的量和无法一个个计数的量。此外还有如"第15位"等表示"顺序"的数。

算术中的数　　　　　　主要考虑带有量的数

在数字后面加上单位或符号如1个、1支、1m、1kg、1m^2、1km/h、1%等，便可表示量或比例。

除了四则运算，在算术中学习的主要内容可列举如下：面积、体积（属于几何的内容）、平均数、人口密度、速度、比例等。

小结

几何的基本思考方式

以下列举小学算术中学习的几何内容。

圆、圆柱体、球、四边形、三角形、多边形（多于 4 条边）的概念，长方形、正方形、三角形、圆形的面积计算，长方体、正方体的体积计算等，以及作为拓展学习的全等图形与对称图形、锥体与圆柱体的体积等，这些会出现在日本小学算术的教科书中。

看到这些内容，大部分人会发现"这些是存在于身边的图形"。

若认真观察街上的建筑和汽车，就会发现它们大部分是美丽的对称图形。若将目光移向周边的自然环境，便会发现有许多从远处看时左右对称的漂亮树木。

若靠近了看，则樱花、大波斯菊、蔷薇、水仙等花的花瓣也是轴对称或中心对称的。昆虫、鱼类、鸟类及狗、猫等哺乳类动物，当然还有人类，也是接近轴对称的形状。我们的周围有许多由平面和立体图形组成的物体。从儿童时期开始，我们便学习用抽象的点和线表示眼中看到的这些图形。若是平面图形，则按照直线→正方形→长方形→三角形→梯形→圆形的顺序进行思考；若为立体图形，则按照正方体→长方体→圆柱体→锥体的顺序进行思考。平面图形有"面积"，立体图形有"体积"，前者使用 cm^2、m^2 等单位，后者使用 cm^3、m^3 等单位。若是液体，则使用 mL、L 等单位。观察饮料瓶或牛奶包装袋，便可以看到上面标注有容量。学习了立体图形的容量后，便能够理解质量，可以用 g、kg、t 等单位描述立体图形的质量。

小学中学习的主要图形

圆形　　　三角形　　　正方形　　　五边形

此外还有圆柱体、球体、正方体等

是在日常生活中肉眼可见的物体的形状

以常见的樱花、大波斯菊、蔷薇等为代表，自然界中有许多轴对称或中心对称的物体

平面图形　　有"面积"量

立体图形　　有"体积"量

若能理解平面图形和立体图形的特点，便能理解表示"面积"和"体积"的单位！

小结

小学中的几何针对我们的生活场景进行学习。初中及之后的数学中的几何将一点点变为逻辑性的扩展。需要注意二者间的这一区别。

文字题的基本思考方式

首先理解问题的意图

　　我们认识到，在文字应用题中，数后面总是带着量。例如，（A）"将圆珠笔分给 2 个人，每人分 3 支，总共需要多少支圆珠笔？"（B）"每人分 2 支圆珠笔，分给 3 个人，总共需要多少支圆珠笔？"

　　对于这两道文字题，很多成年人会在无意识中得出答案为 6 支。**但仅仅阅读这两道题的文字，是很难说清它们之间有什么不同的。**如果孩子问："这要用什么运算呢？"那么不管是对于（A）还是（B），家长应该会理所当然地回答："乘法运算。"若孩子再深入少许，执着地问："为什么是乘法运算呢？"恐怕就会有家长想："啊？为什么问这种事情？我们家的孩子是脑子不好吗？"

　　然而，**若能理解"乘法运算的含义"，便能合理地解出文字**题。乘法运算的基本含义为："平均每单位的量 × 份数"。仔细阅读（A）和（B）的文字，总觉得它们是一样的。然而，（A）中"平均每单位的量"为 3 支（平均每人 3 支）、"份数"为 2 人（份），乘法运算的算式为 3×2。同理，（B）中"平均每单位的量"为 2 支（平均每人 2 支）、"份数"为 3 人（份），乘法运算的算式为 2×3。以（A）文字题为基础，可以生成（C）"有 6 支圆珠笔，若分给 2 个人，则平均每人多少支？"和（D）"有 6 支圆珠笔，每人分 3 支，可以分给几个人？"两道除法运算题。（C）被称为等分除法，（D）被称为包含除法。

分给2个人，每人分3支

每人分2支，分给3个人

两道题中需要的圆珠笔数量同为 6 支

（A）中"平均每单位的量"为3支

（B）中"份数"为3人

2 人 × 3 支 / 人 = 6 支

2 支 / 人 × 3 人 = 6 支

C　有 6 支圆珠笔，若分给 3 个人，则平均每人多少支？ 6 ÷ 3 = 2（支）

等分除法

D　有 6 支圆珠笔，每人分 3 支，可以分给几个人？ 6 ÷ 3 = 2（人）

包含除法

注意（C）和（D）答案中的单位不同

小结

由"平均每单位的量"×"份数"="总量"可产生两类除法运算——（C）"总量"÷"份数"="平均每单位的量"和（D）"总量"÷"平均每单位的量"="份数"。

日常生活中使用的算术

在第 24 页和第 26 页中介绍代数和几何时已经提到，**算术最主要的特点是有许多在日常生活中会使用到的内容。**若无法自如地进行简单的四则运算，那么在购物时将会相当烦恼。不仅是在教科书上，在报纸或书籍上也经常能看到折线图、柱状图、饼图或环形图等——这些图表一眼看去便能清晰察觉变化趋势或比例。了解这些图表可以帮助我们理解所阅读的内容。

从小学中年级开始学习的面积、体积也是在生活中十分重要的内容。**我们通过比较用数字和单位表示的平面面积，就能知道孰大孰小。**我们在旅行时使用的地图大概是离我们最近的涉及面积的例子。日本小学五六年级时学习的算术充满了在生活中会使用到的内容。诸如 9 折或 10% 等比例在购物和天气预报中会经常出现。环形图和饼图也表示比例。理解部分占总体中的多大比例，对我们生活中的许多方面能有所帮助。做日式味噌汤或其他汤时，若能预先知道味噌、酱油和盐的比例，便能简单做出美味的汤羹。

若学习了平均值，能够灵活运用的场景将更为广阔。在阅读报纸或看电视、智能手机时，经常能看到平均数、人口密度、速度等。尤其是速度，在旅行或外出时，我们会无意识中使用它。**而若学习了比，便能以某物为基准，知道比较物的大致大小。**

日本的主要贸易伙伴国的出口额的变化　　单位：亿日元

	2000年	2005年	2010年	2015年	2018年
总额	516.542	656.565	673.996	756.139	814.788
美国	153.559	148.055	103.740	152.246	154.702
中国	32.744	88.369	130.856	132.234	158.977
韩国	33.088	51.460	54.602	53.266	57.926

※依据日本财务省贸易统计

画成折线图

各国出口额的变化

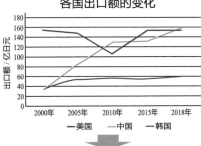

画成饼图

2018年各国出口额的占比

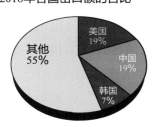

画成柱状图

各国出口额的变化

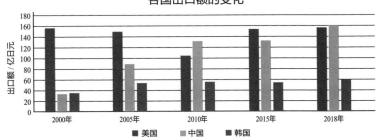

小结

低年级的算术是人类基本生活所必需的内容。而高年级的算术中则有许多对日常生活有帮助的内容，如面积、体积、比例、速度、平均数等。

算术代数中需要知道的知识点

　　想要掌握算术和数学，必须能够自如地进行一定位数的四则运算。此外，为了学习有所拓展的算术和数学，所必需的知识是能够求取抽象概念的"**单位量平均大小**"。本小节中，我将介绍这个概念是什么及为什么它是重要的学习内容。单位量平均大小即"平均每个的大小"。以下介绍具体例子。

　　"A 先生的汽车用 25L 汽油行驶了 300km，B 先生的汽车用 15L 汽油行驶了 210km。哪辆车的耗油量更小？"如果你有车，一定会很在意 1L 汽油可以行驶多少千米。这里的"平均 1L 汽油的行驶路程"便被称为"单位量平均大小"。我们一直理所当然地计算汽车的耗油量。若将 300km 视为总量，25L 视为份数，**便可知这是一道等分除法问题。总量 ÷ 份数→ 300÷25=12（km/L）**。此时的单位为"km/L"。读者大概会觉得这是个似曾相识的单位。如果用自然语言描述这个单位，则为"平均 1L 汽油能行驶多少千米"。我们应该时常能见到一个与之相似的单位——没错，就是表示速度的"km/h"。

　　"汽车 2h 可行驶 100km，求汽车的速度。"这里的汽车速度便是 100÷2=50（km/h）。"100 个人住在面积为 $2km^2$ 的地方，求人口的拥挤程度。"这里是求平均 $1km^2$ 的人口，即人口密度。平均数和比例也可从"单位量平均大小"这一概念出发并进行思考。

A先生的汽车

用 25L 汽油行驶了 300km

B先生的汽车

用 15L 汽油行驶了 210km

计算汽车的耗油量

A先生的汽车	B先生的汽车
300÷25=12（km/L）	210÷15=14（km/L）

可知 B 先生的汽车耗油量更小

"km／L" 平均1L汽油能行驶多少千米

日常生活中常常能见到"○/△"形式的单位，这便表示"单位量平均大小"！

小结 掌握了单位量平均大小，对算术的学习将更为深入，还可在各种场合灵活应用。这同时也是一项培养我们适应下一阶段所需的抽象思维的练习。

圆周角定理与弦切角定理

• 圆周角定理

圆周上任意两点 A、B 和圆周上另一点 P 所构成的圆周角度数是一定的。一段弧所对应的圆周角的大小等于该弧所对圆心角度数的一半。这一关系被称为"圆周角定理"。（∠AOB 为圆心角，∠APB 为圆周角。）

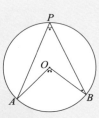

• 弦切角定理

圆的切线与过该切点的弦所构成的角，等于该角所夹的弧所对的圆周角。这一关系被称为"弦切角定理"。弦切角定理可通过以下方式证明。

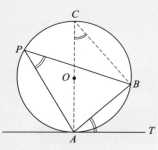

P、A、B 在圆 O 上，AT 为切线，以过圆心 O 的直径 AC 为一边作三角形 ACB。

因为　∠ABC = 90°，

所以　∠ACB = 90° − ∠BAC ①，

　　　　∠BAT = 90° − ∠BAC ②。

由①和②可得，

∠ACB = ∠BAT ③，

因为　∠APB = ∠ACB（圆周角定理）④，

所以　∠BAT = ∠ACB = ∠APB。

故 ∠BAT = ∠APB。

（当∠BAT 为直角或钝角时定理同样成立。）

第 3 章

了解初高中数学

初中时学到的数学·代数篇

与算术相比，初中数学的抽象度有所上升

初中数学与算术最大的区别在于，计算中不再只使用具体的数字，而开始出现字母。此外，初中数学中出现了在实际生活中难以直接感知的"负数"及"平方根"。

可以断言的是，**如果能够掌握初一时学习的"字母与字母表达式"**，我们会觉得初中数学更有意思。如果能够学会脱离表示具体量的数字并将其替换为字母，那就表示我们"能够在数学的世界里自在遨游"。

在日本初中学习的数学，实际上是一套脉络清晰的课程。因为学习数学是典型的积累式学习，所以如果我们在开始学习时受挫，那么直到成年都会处于"非常讨厌数学"的状态里。但是不要忘记，若回到当初受阻的地方重新学习，则有很大可能一次性理解它。学习了 x、y、a、xy 等字母后，便进入了字母表达式的计算。在练习过诸如（$6y+2$）+（$x \times 4y$）之类的计算后，便开始学习方程。

初中数学中按照一次方程→方程组→二次方程的顺序学习。在一次方程和方程组中会出现正数和负数的计算，而在二次方程中会出现带根号（$\sqrt{}$）的计算。

然而，即使是学习了方程的含义和解法，"理解"了方程也无法真正使用方程，因为还需要能够准确并快速求解正确答案的运算能力。

二次方程尤其需要快速而准确的运算能力。因此，在练习文字题的同时，也不能缺乏经常性的运算练习。

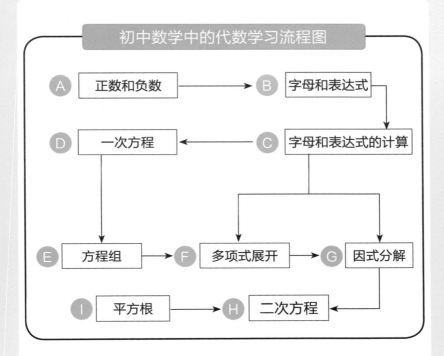

初中数学中的代数学习流程图

A 正数和负数 → B 字母和表达式

D 一次方程 ← C 字母和表达式的计算

E 方程组 → F 多项式展开 → G 因式分解

I 平方根 → H 二次方程

上图中的箭头代表强关联性。
例如：若无法理解A，则B中的计算将变得非常困难，而C是D、F和G的基础。

小学算术 → 初中数学

使用具体数字的计算 → 使用字母的计算

小结

在初三代数中，学生会学习多项式展开和因式分解。这是学习二次方程求根公式的准备阶段。此时很多人会开始认为自己不擅长数学。

初中时学到的数学·几何篇

运用已经被证明的定理去证明其他定理

在初中数学中，首先学习平面图形和空间图形的基础知识。这也可以说是学习三角形全等、正方形和圆等图形的性质之前的热身。

还有一项重要的学习内容是"几何定理及证明"，而在学习"定理"之前会学习"定义"。

虽然这二者的关系不易理解，但按照以下思路可顺利将其弄清。以等腰三角形为例，"两边相等的三角形被称为等腰三角形"一句为"定义"。这句话只是陈述事实，并没有证明。与之相对的，"等腰三角形两底角相等"被称为"定理"。定理是根据某种方法证明出来的。

运用这些已经得到证明的定理，可进一步证明其他定理（初中数学中以几何"证明"为中心）。

实际上，几何"证明"的特点便在于其不仅具有逻辑性，还可用肉眼进行观察，故证明过程十分容易理解。

初中数学中的几何非常适合学习"证明"，是高中入学考试中的固定题型。但是若中间过程有少许错误便无法正确证明，故常见的问题便是填写证明过程中的表达式。

从 2020 年起，日本小学进行编程教育。虽然目的是培养学生的逻辑思维能力，但其实学习初中几何证明题，亦可充分实现逻辑教育。

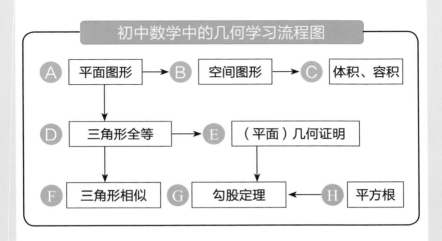

几何证明是有逻辑的！

已知：如图所示，在△ABC中，AB=AC。求证：∠B=∠C。

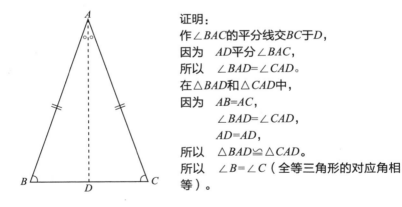

证明：
作∠BAC的平分线交BC于D，
因为　AD平分∠BAC，
所以　∠BAD=∠CAD。
在△BAD和△CAD中，
因为　AB=AC，
　　　∠BAD=∠CAD，
　　　AD=AD，
所以　△BAD≌△CAD。
所以　∠B=∠C（全等三角形的对应角相等）。

初中时学到的数学·函数篇

函数可以用简单的直线或曲线表示

当我们说"以时速 4km 行走 x h 则前进 y km"时，y 便被称为 x 的"函数"。若 $x = 1$，则 $y = 4$；若 $x = 2$，则 $y = 8$。这可以表述为"有两个变量 x 和 y，当确定了 x 的值后，若与之对应的 y 值有且只有一个，则 y 是 x 的函数"。当 $x = 1$ 时 $y = 4$，当 $x = 2$ 时 $y = 8$，若将其列为表格则如下所示。

x / h	1	2	3	4	5	6	⋯
y / km	4	8	12	16	20	24	⋯

※ 这个表被称为 x 和 y 的对应表。若用表达式表示这个表，则为 $y = 4x$。

初中数学开始正式学习在运算中使用字母，由于使用字母可以方便地搭建如上所示的表达式，故一下子扩大了数学的使用范围。函数不仅可以用简单的字母或数字表示两个量之间的关系，还可以画成图，可以通过视觉直观感受，十分方便。$y=4x$ 可表示为下图。

初中数学中还学习了负数，图中 $x = -1$、$y = -4$ 的点表示 1/h

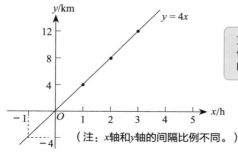

（注：x 轴和 y 轴的间隔比例不同。）

充分理解一开始时学习的图像的含义，是理解高中数学的第一步！

前相比于出发原点 O 落后 4km。

　　通过学习函数，我们还可以更好地理解在代数中学到的正比例和反比例。日本初中的函数学习是按照初一时学习正比例函数和反比例函数、初二时学习一次函数、初三时学习二次函数的顺序进行的。

第 3 章

Ⅰ 正比例函数：$y = ax$（a 为比例系数，$a \neq 0$）

Ⅱ 反比例函数：$y = \dfrac{a}{x}$（a 为比例系数，$a \neq 0$）

Ⅲ 一次函数：$y = ax+b$（a 为斜率，$a \neq 0$，b 为常数）

Ⅳ 二次函数：$y = ax^2+bx+c$（y 与 x 的平方成比例，$a \neq 0$，b、c 为常数）

函数 ⎨ Ⅰ 正比例函数 → Ⅲ 一次函数 → Ⅳ 二次函数
　　　　 Ⅱ 反比例函数

注：Ⅰ 即 $y = ax+b$（$a \neq 0$）中 $b = 0$ 的情况。

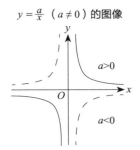

$y = \dfrac{a}{x}$（$a \neq 0$）的图像

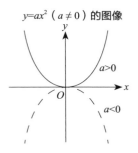

$y=ax^2$（$a \neq 0$）的图像

小结

变量 x 的值和 y 的值为一一对应的关系时，我们说"y 是 x 的函数"。这个关系可以用 $y = ax+b$（$a \neq 0$）或 $y = ax^2+bx+c$（$a \neq 0$）等表达式来表示。

高中时学到的数学·代数篇

虽然在算术中只涉及实数中的正有理数，但是学会初中数学里负数和无理数概念中涉及的平方根（$\sqrt{\ }$），才能理解二次方程和勾股定理。将这个知识框架整理后便如下图所示。而高中数学中将在实数之外学习"虚数"，从而能够进行范围更广的计算。高中数学之所以让人头疼，是由于它不仅需要我们能够使用字母进行运算，还需要我们拥有逻辑与抽象思维能力。此时，用抽象思维想象在现实中不存在的、肉眼不可见的事物的能力，以及稳定的运算能力成为学习高中数学所必须具备的能力。

实数
- 有理数
  - 整数 [···,−2,−1,0,1,2,···]
  - 有限小数 [$\frac{1}{2}=0.5$, $\frac{5}{4}=1.25$,···]
  - 循环小数 [$\frac{5}{3}=1.666···$, $\frac{5}{6}=0.833···$, ···]（无限小数）
- 无理数（无限不循环小数）[$\sqrt{2}$, $\sqrt{3}$, π,···]

高中数学在表达式计算中将出现乘法公式和因式分解，有很多不进行反复练习便无法解出的问题。高中数学还会学习一次不等式、二次不等式和二次方程，其中二次方程求根公式可谓是一个重要关口。若始终能够自己推导出二次方程求根公式，那么高中数学将会变得有趣起来。

如果仅仅是强迫自己背下二次方程求根公式，那么就有可能在学到一半时对数学产生厌恶。

　　代数还有一个精彩的内容是"微分"。理解微分的关键词是"极限值"。"由 x 的函数 $f(x)$ 求其导数 $f'(x)$" 被称为"微分"。当 $x=a$ 时，$f(x)$ 的微分系数为 $f'(a)$。若将其写为表达式，则为 $\lim\limits_{h\to 0}\dfrac{f(a+h)-f(a)}{h}$。若将其用图像表示则如下图所示。$h$ 为 x 的变化量，$f(a+h)-f(a)$ 为 y 的变化量，当 h 无限趋近于 0 时，点 A 为 $y=f(x)$ 的切点。

二次方程求根公式

当 $b^2-4ac \geqslant 0$ 时，$ax^2+bx+c=0$（$a \neq 0$）的解为

$$x=\frac{-b \pm \sqrt{b^2-4ac}}{2a}$$

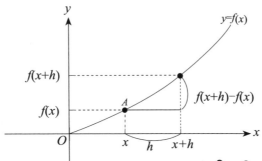

牢牢记住二次方程求根公式的推导方法吧！

小结　理解了原理，然后稍微努力练习计算，便可解决高中数学中的大部分问题。学习不仅需要瞬间的灵感，还需要踏踏实实的练习。

高中时学到的数学·几何篇

在高中数学中会正式学习平面图形的性质。与三角形和圆形相关的各种定理将陆续出现。通过证明这些定理，高中数学便成了培养逻辑思维能力的练习。虽然有时会有人认为"高中数学在进入社会后几乎没有用武之地"，但是如果养成了按照一定逻辑来解答证明题的习惯，不但可以帮助自己很好地安排工作，而且还可以帮你整理并思考复杂事情。

下面介绍高中时学习的与三角形相关的主要定理，即下页中的①~⑦。首先是①"中位线定理"、②"三角形的重心"、③"三角形的内心"和④"三角形的外心"。其次是⑤"塞瓦定理"（详见第 110 页），在△ABC 的三边 BC、CA、AB 上分别有点 P、Q、R，当 3 条直线 AP、BQ 和 CR 相交于一点时有 $\frac{BP}{PC} \cdot \frac{CQ}{QA} \cdot \frac{AR}{RB} = 1$。再次是⑥"圆周角定理"，同弧所对圆周角大小相等，等于其所对圆心角的一半。最后是⑦"切割线定理"，若过点 P 的 2 条直线与圆 O 分别相交于 A、B 两点与 C、D 两点，则 $PA \cdot PB = PC \cdot PD$。

"三角比"在高中几何中亦十分重要，即 $\sin\alpha = \frac{a}{c}$（正弦）、$\cos\alpha = \frac{b}{c}$（余弦）和 $\tan\alpha = \frac{a}{b}$（正切）。可以说正是由于三角比，测量技术得到了飞速发展。三角比不仅可以在绘制地图的时候发挥作用，还可以在测量地球的半径及地球到月球的距离等方面发挥作用。

以三角比为中心的公式和定理有⑧"三角比之间的关系"、⑨"正弦定理"、⑩"余弦定理"、⑪"由三角比求三角形面积的公式"和⑫"海伦公式"等。

高中时学习的与三角形相关的主要定理

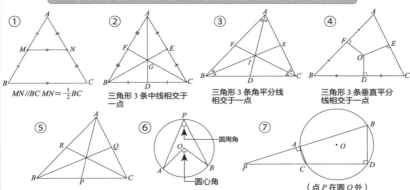

① $MN//BC$ $MN = \frac{1}{2}BC$

② 三角形 3 条中线相交于一点

③ 三角形 3 条角平分线相交于一点

④ 三角形 3 条垂直平分线相交于一点

⑤

⑥ 圆周角　圆心角

⑦（点 P 在圆 O 外）

以三角比为中心的公式和定理

⑧三角比之间的关系

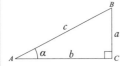

$$\tan\alpha = \frac{\sin\alpha}{\cos\alpha} 、$$

$$\sin^2\alpha + \cos^2\alpha = 1$$

⑨正弦定理

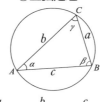

⑩余弦定理

$$a^2 = b^2 + c^2 - 2bc\cos\alpha$$
$$b^2 = c^2 + a^2 - 2ca\cos\beta$$
$$c^2 = a^2 + b^2 - 2ab\cos\gamma$$

$$\frac{a}{\sin\alpha} = \frac{b}{\sin\beta} = \frac{c}{\sin\gamma} = 2R$$

（R 为 $\triangle ABC$ 的外接圆的半径）

⑪由三角比求三角形面积的公式

$$S = \frac{1}{2}bc\sin\alpha = \frac{1}{2}ca\sin\beta = \frac{1}{2}ab\sin\gamma$$

⑫海伦公式
已知三边 a、b、c 时，
$\triangle ABC$ 的面积 S 为：

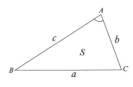

$$s = \frac{a+b+c}{2}$$

$$S = \sqrt{s(s-a)(s-b)(s-c)}$$

小结

不仅是记住与三角形相关的定理及公式，重要的是能够证明它们。三角比虽然是属于几何的内容，但是要记住它是朝函数方向发展的。

高中时学到的数学·函数篇

用一个表达式表示 2 个量之间的关系的函数

　　初中时我们只学习了一次函数和二次函数的少许入门知识，而在高中时会出现各种各样的函数。或许有人在学了一次函数和二次函数后便已注意到，函数可以视为代数和几何相结合的内容。2 个变量 x 和 y 一一对应可以视为代数的内容，这个关系还可以被画成图像，由此便加入了几何的元素。基于二次函数 $f(x) = y = x^2$ 的对应表绘制图像，如下图所示。

x	−4	−3	−2	−1	0	1	2	3	4
y	16	9	4	1	0	1	4	9	16

　　此时若将 0 和 1、1 和 2，以及 0 和 −1、−1 和 −2 的间隔无限细分，则图像是连续不断的。初中时，我们便是在如此默认的基础上绘制抛物线。注意函数的图像是连续的线，和极限值一样需要"无限"这一抽象思维，并非具体的肉眼可见的点，而是需要

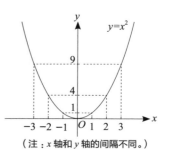

（注：x 轴和 y 轴的间隔不同。）

在脑海中进行想象及组合的过程。这经常让人抱怨"学不会数学"。

　　然而，若在此时稍作努力，便可掌握逻辑思维和抽象思维能力，从而使大学的学习更为顺利。在高中数学中学习的代表性函数有①"二次函数"、②"三角函数的定义"、③"$y = \cos\theta$ 的图像"、④"和差公式"、⑤"指数函数"和⑥"对数函数"等内容，如下页图所示。

① 二次函数 $y = ax^2 + bx + c$ 的图像的顶点

$$顶点 \left(-\frac{b}{2a} , -\frac{b^2-4ac}{4a} \right)$$

② 三角函数的定义

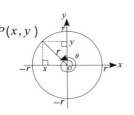

$$\sin\theta = \frac{y}{r} \quad \cos\theta = \frac{x}{r} \quad \tan\theta = \frac{y}{x}$$

这三者合起来被称为 θ 的三角函数

③ $y = \cos\theta$ 的图像

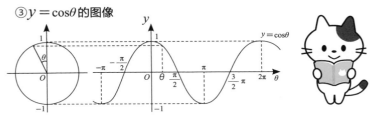

④ 和差公式

正弦 $\begin{cases} \sin(\alpha+\beta) = \sin\alpha\cos\beta + \cos\alpha\sin\beta \\ \sin(\alpha-\beta) = \sin\alpha\cos\beta - \cos\alpha\sin\beta \end{cases}$

余弦 $\begin{cases} \cos(\alpha+\beta) = \cos\alpha\cos\beta - \sin\alpha\sin\beta \\ \cos(\alpha-\beta) = \cos\alpha\cos\beta + \sin\alpha\sin\beta \end{cases}$

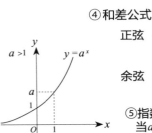

⑤ 指数函数
当 $a>0$ 且 $a \neq 1$ 时，用 $y = a^x$ 表示的函数被称为以 a 为底的指数函数。

⑥ 对数函数

当 $a>0$ 且 $a \neq 1$，$M>0$ 时，若 $a^p = M$，则这里的 p 可表示为 $\log_a M$，被称为以 a 为底的 M 的"对数"。（M 被称为真数且为正实数。）

小结

函数的特点是可以用一个表达式表示 2 个量之间的关系，并可以画成图像。汽车的自动控制等装置，在涉及物体运动时会用到函数。

高中时学到的数学·统计篇

可以看到世界的原理和社会的走向

在高中数学中，统计还是很受关注的。很久之前，医学领域的工作人员就开始进行随机对照试验（RCT，Randomized Controlled Trial），并以从中得到的结果为基础进行有效的治疗。教育界也在使用统计等方法，以合理的依据实施高效的教育政策。

此外，收集大数据并发展对人类有帮助的人工智能一事也得到了社会的热切关注。高中统计从介绍数据的相关性开始，一直到运用概率分布的正式统计学的入门为止。**统计分为"描述统计"和"推断统计"。**

整理数据时需要用到"频数分布表"和"直方图"。整理并比较数据时会用到平均数、中位数和众数等。为了观察数据的离散程度，还经常会使用"箱形图"。

调查一年级 A 班 20 名同学在一个月内的阅读时长，将其绘制为直方图，如下页上部图所示。直方图和箱形图都有着可以让人一眼就看出分布的离散程度的优点，而且还可以让人清楚地看出数据集中的位置。**统计中还有被称为"推断统计"的内容。在估算电视收视率时，推断统计可以大显身手。**统计调查包括全面调查和抽样调查，而推断统计属于抽样调查。从全体中抽取一部分，使用概率分布，从样本平均分布中求取正态分布曲线，如下页中间部分的图所示。

频数分布表

	h	频数
以上~不满		
	0~4	2
	4~8	4
	8~12	4
	12~16	6
	16~20	3
	20~24	1
合计		20

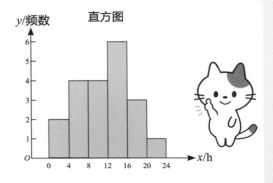

直方图

在整理比较数据时，使用平均数、中位数和众数等

Ⅰ 平均数 = 数据总和 ÷ 数据个数

Ⅱ 中位数是将所有数据按大小依次
排列，位于中间位置的数（或中
间两数的平均数）

Ⅲ 众数是数据中出现次数最多的数

Ⅳ 为了观察数据的离散程度，还会
使用"箱形图"

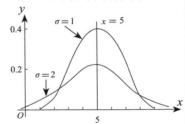

正态分布曲线示例

箱形图

极差
四分位差

| 0 | 7 | | 18 | 28 |

最小值　　下四分位数　中位数　上四分位数　　最大值

（将数据分为两部分
后，含有最小值的那
一部分的中位数）
（将数据分为两部分
后，含有最大值的那
一部分的中位数）

① y 在 $x = 5$ 时取到最大值

② σ 越大，曲线的山峰越低，曲线
越往横向伸展。数据集中于对称
轴 $x = 5$ 的周围

③ 以 x 轴为渐近线

小结

统计学是和天气预报等日常生活紧密联系的学科。
最近备受关注的人工智能亦是运用统计学而发展的
领域。

初高中数学中需要知道的知识点

掌握在日常生活中有用的基础知识

　　若没有一定的运算能力，在面对二次方程或二次不等式、数列等的计算时将会十分痛苦。即使知道解法，在计算过程中哪怕只有一个地方出现了错误，也无法得到正确答案。如果进行一番计算后，最终的答案却错了，那么大多数人会伤心并失去信心。与其他学科相比，学习数学时只要发挥运算能力便能给予大脑适度的刺激，而证明定理是有助于培养逻辑思维能力的学习方式之一。从 2020 年起，日本小学开设编程课以培养学生的逻辑思维能力，在高中数学中也有可充分培养逻辑思维能力的篇目。不仅有几何定理，还有不少与数、算式及函数相关的公式的证明题。虽然有人会说"数学就是背书"，但基于以下两个原因我并不建议读者抱有这种想法。从高一到高三，数学学科中的定理和公式的数量相当多，不仅包括与几何相关的定理、与三角函数及微积分相关的定理和公式，还包括使用字母或表达式的向量、数列、统计等公式。即使是擅长记忆的人，在记忆包含数字、字母及符号的公式时也会觉得相当痛苦。有些人会因此开始厌恶数学。若勉强自己记忆，会使学习的趣味性减半，这便是第一个原因。记住最基本的定理和公式，然后自己练习推导出其他定理或公式，使用这种方式将这些定理与公式印入脑中，才是最好的学习方法。

　　不要死记硬背定理和公式，而要学会自己"证明"它们。若依赖死记硬背，人们难以调动自己的积极性进行主动思考。这便是第二个原因。

求曲线之间的面积的公式

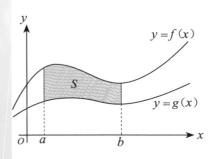

在区间 $[a, b]$ 上，当 $f(x) \geqslant g(x)$ 时，两条曲线 $y = f(x)$、$y = g(x)$ 和两条直线 $x = a$、$x = b$ 所围成的区域的面积 S 为：

$$S = \int_a^b [f(x) - g(x)]\mathrm{d}x$$

求曲线之间的面积，需要具备运算能力和抽象思维能力。对于"微积分"而言，几何知识也是必须具备的知识。

初中数学和高中数学

【初中数学】
字母表达式、方程、函数及初步的几何性质与证明。

【高中数学】
以让人学有所获的通识教育的入门内容为主。

虽然我们常常认为，初高中时所学的数学在我们长大后便与自己再无关系，但其实它们和日常生活依然有着密切关联！（详见第4章）

小结　在小学算术中掌握最基础的知识，在初中数学中学习能够扩展自己的兴趣领域的知识，而高中数学则以通识教育的入门内容为主。

蒙提霍尔问题

提高中奖概率的想法

　　某个游戏中有 A、B、C 3 个信封。其中只有一个信封里面装有中奖信息。主办方知道哪个信封里面装有中奖信息（此时假设 C 为中奖的信封）。由于有 3 个信封，故该游戏的玩家猜中中奖信封的概率为 $\frac{1}{3}$。当玩家选择了 A 信封后，主持人告诉玩家"B 信封不会中奖"，然后询问："你可以将选择的信封换成 C，那么你是坚持选 A 信封，还是改选 C 信封呢？"那么玩家是坚持选 A 信封好，还是改选 C 信封好呢？

　　在这个游戏中，由于 3 个信封中只有一个能中奖，所以无论是否改变所选信封，一开始选中的 A 信封是否中奖的概率都为 $\frac{1}{3}$。

　　先考虑不改变所选信封的情况。由于没做改变，故即使被告知了不会中奖的信封，猜中的概率依然为 $\frac{1}{3}$。

　　再考虑改变所选信封的情况。依然是一开始选择 A 信封。由于 C 是中奖信封，故主办方告诉玩家，B 信封不会中奖。如果玩家选择将 A 信封换成 C 信封，则能够中奖。如果玩家一开始选择 B 信封会是怎样的情况呢？由于 C 是中奖信封，故主办方告诉玩家，A 信封不会中奖。如果玩家从选 B 信封改为选 C 信封，

蒙提霍尔问题作为后面要介绍的贝叶斯定理的一个例子而闻名。

则这种情况也能够中奖。那么，如果玩家一开始选择了能够中奖的 C 信封又会是什么样的情况呢？主办方在不会中奖的 A 信封和 B 信封中选择一个告知玩家。若主办方告诉玩家，A 信封不会中奖，则玩家的选择将从 C 信封变为 B 信封。若主办方告诉玩家，B 信封不会中奖，则玩家的选择将从 C 信封变为 A 信封。这种情况下玩家没能中奖。

如此，在变更选择的情况下，除玩家一开始选择了中奖信封之外的情况都会中奖，中奖概率为 $\frac{2}{3}$。由于在不变更选择的情况下的中奖概率为 $\frac{1}{3}$，故可知在变更选择的情况下中奖概率会上升。

因为这是最先出现于美国的电视节目中的问题，节目主持人名叫蒙提·霍尔，所以此问题被称为"蒙提霍尔问题"并广为人知。

第 3 章

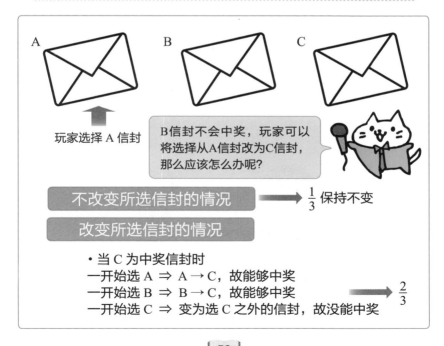

学校里学到的数学定理

贝叶斯定理

"有一只箱子，里面有 1 个红球和 2 个白球。从中取两次球，求两次都取到白球的概率。注意第一次抽取的球会被放回箱子里。"当遇到这样的问题时，其概率可以用 $\frac{2}{3} \times \frac{2}{3}$ 求取（详见第 90 页的乘法定理）。这样的概率被称为"独立事件的概率"。与之相对，还有"条件概率"这一概念。"条件概率"是"贝叶斯定理"的思考方式的基础。"贝叶斯定理"是由英国数学家托马斯·贝叶斯于 18 世纪提出的。

贝叶斯定理的特点在于在某事发生前，以过去发生的事件作为基础推测之后事件发生的概率这一思考方式。例如，大家都知道有人工智能棋手在围棋领域战胜了职业棋手。若探究这些人工智能棋手能够赢棋的关键，不难发现它们是灵活运用了贝叶斯定理。

应用于日常生活中的数学

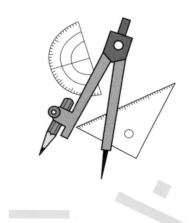

银行的复利法计算可用等比数列求解

把钱存入银行会产生利息，过一段时间之后便可以连本带利取出。同理，从银行贷款也会产生利息，按照贷款期限，还款时必须支付由本金产生的利息与本金的合计金额。利息分为每期都只对本金计算利息的"单利法"和每隔一段时间便将之前积累的利息滚入本金，将合计金额作为下一期的本金计算利息的"复利法"。以年利率 r 存 a 日元为例，若依照复利法，则本息合计为 1 年后→$a(1+r)$、2 年后→$a(1+r)^2$、3 年后→$a(1+r)^3$……这一等比数列。等比数列是指如 1、2、4、8、16…，依次将前一个数乘以一个固定的数（本例中为 2）后得到的数列，即本息合计为"从首项 a 开始，依次将前一项乘以一个固定的数 $(1+r)$ 后得到的数列"。根据复利法，以 2% 的年利率将 100 万日元存入银行 7 年，尝试计算 7 年后的本息和。此时可用以下算式求解。

由 $1\,000\,000 \times (1+0.02)^7 = 1\,000\,000 \times 1.02^7 \approx 1\,149\,000$（$1.02^7 \approx 1.149$）可得，本息合计约为 114 万 9000 日元。

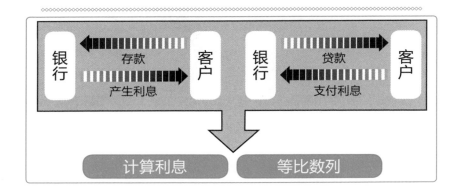

隐藏于日常生活中的概率与数据

　　如果用概率来思考在日常生活中不经意间发生的各种事情，就会对它们产生不同的看法。读者想必对高尔夫一杆进洞会以怎样的频率发生很感兴趣。对于高尔夫选手而言，一杆进洞是他们的梦想。据说，一杆进洞的概率为 $\frac{1}{10\,000\,000}$。这个概率和被雷击中的概率几乎相等，由此可见一杆进洞是十分罕见的。由 $\frac{1}{10\,000\,000}$ 这一概率我们可以想到日本年末的大型彩票。2019 年，日本的年末巨奖彩票的一等奖奖金为 7 亿日元。据说其中奖概率为 $\frac{1}{20\,000\,000}$——可见中奖是一件很不容易的事情。

　　生男孩还是女孩也可以从日本厚生劳动省发布的数据中解读。简单考虑的话，生男生女的概率都为 $\frac{1}{2}$，但是从实际数据看，生男孩的概率约为 51%、生女孩的概率约为 49%。这大概是因为女性的平均寿命长于男性的平均寿命。

第4章

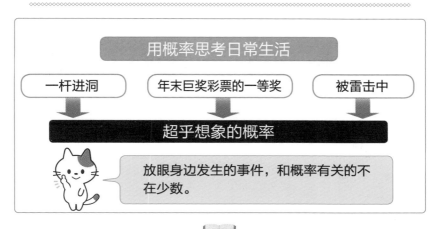

在人寿保险费上，企业不会损害自身利益

　　许多人参保的人寿保险，其保费是根据过去的统计数据计算出来的。从消费者的立场而言，希望尽可能以更低的保险费得到更高的保险金。但是若设置对消费者有利的保险费和保险金机制，保险公司的收支将无法平衡，公司将难以生存。日本厚生劳动省会定时发布在一定时期内，不同性别、不同年龄人群的生存、死亡情况的，名为"生命表"的汇总数据，保险公司便以此为基础决定参保人的保险费。根据"生命表"的汇总数据，保险公司可知某个年龄段的人今后可能活多长时间、一年内的死亡率有多高。**若死亡率高，则保险金的支付金额会相应增加；若死亡率低，则保险金的支付金额会相应减少。**即若死亡率高，则设置较高的保险费；若死亡率低，则设置较低的保险费。保险公司便是根据这些统计数据，试图在支付给受益人的保险金与消费者所缴纳的保险费之间取得平衡。

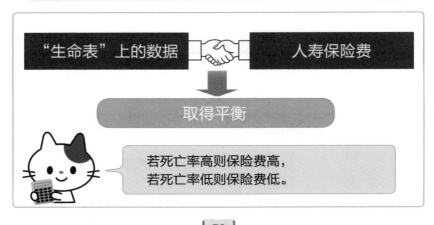

"生命表"上的数据 🤝 人寿保险费

取得平衡

若死亡率高则保险费高，若死亡率低则保险费低。

猜拳时，胜率有多大

A 和 B 猜拳，A 的胜率有多大？在二人猜拳的情况下，由 3×3 可知，两人的手势有 9 种不同的组合。当 A 以石头获胜时，B 出的是剪刀；当 A 以剪刀获胜时，B 出的是布；当 A 以布获胜时，B 出的是石头。由于 A 获胜的组合有 3 种，故 A 获胜的概率为 $\frac{3}{9}$，即 $\frac{1}{3}$（0.333…）。

那么当 A、B、C 3 人一起猜拳时，只有 A 一人获胜的概率有多大呢？

在 3 人一起猜拳的情况下，由 3×3×3＝27 可知，3 人的手势有 27 种不同的组合。

在这些组合中，A 一人获胜的组合有：A 以石头获胜的情况为 B、C 都出剪刀，A 以剪刀获胜的情况为 B、C 都出布，A 以布获胜的情况为 B、C 都出石头，共 3 种。由于共有 27 种组合，故只有 A 获胜的概率为 $\frac{3}{27}$，即 $\frac{1}{9}$（0.111…）。

三人猜拳的手势组合共 27 种

一人获胜的手势组合有 3 种

| A | B | C | A | B | C | A | B | C |

与医生同乘一架飞机的概率

在乘坐飞机或其他交通工具时，乘客突然感到不舒服并不是罕见的事情。虽然在电影或电视剧中，我们常会看到乘务员询问"乘客中有医生吗"的场景，但我们遇到医生的概率能有多大呢？

根据日本厚生劳动省的数据，2019 年日本全国的医生数量达到了有史以来最高值（约 32 万人）。在统计局的数据中，2019 年日本总人口约为 1 亿 2618 万人。可见每 1000 人中约有 2.5 人为医生，医生的比例为 0.25%，而非医生的比例为 99.75%。

假设有一架搭乘了 400 人的飞机。由 400×0.25% 可得飞机上有 1 人为医生。若是一架搭乘了 400 人以上的飞机，那么按照概率来算，飞机上是有医生的。在满载的情况下，新干线的一节车厢约有 100 人，一列车（由 16 节车厢组成）则约有 1600 人，故理论上会有 4 名医生乘坐同一列新干线。

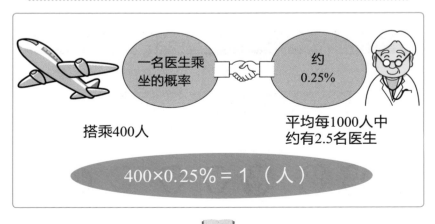

一名医生乘坐的概率　约 0.25%

搭乘400人　平均每1000人中约有2.5名医生

$$400 \times 0.25\% = 1 （人）$$

弧度制与角度制到底是什么

　　很多人知道圆的一周为 360° 的"角度制"，而"弧度制"并非耳熟能详的名词。不过，若使用"弧度制"，与角度相关的计算将变得更加简单。

　　取与半径等长的弧所对的圆心角，以此为单位表示角的方法即为"弧度制"。在下图中，由于弧的长度与圆心角成比例，故由 $r:(2\pi r)=\alpha:360°$、$\alpha=\dfrac{180°}{\pi}$ 可得 $\alpha\approx57.30°$。这里的 α 是"与圆半径无关的固定角"。它不受半径长度的限制，这使其应用范围得以扩大。

　　这里的 α 被称为 1 弧度（1rad）。由 $1\text{rad}=\dfrac{180°}{\pi}$，可得 $180°=\pi\,\text{rad}$、$360°=2\pi\,\text{rad}$。

　　下表展示了使用弧度制的优势。（180° 在弧度制中为 $\pi\,\text{rad}$。）

　　虽然此处略去详细说明，但可以看出，使用弧度制可简单迅速地完成在高中数学中出现的三角函数等计算。而三角函数在物理等领域的应用范围也正在扩大。

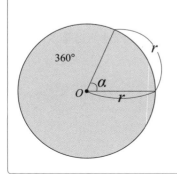

半径为 r、圆心角为 α 的扇形的弧长与面积
（令 180° $=\pi\,\text{rad}$，则可变为弧度制表示法）

	弧　长	面　积
角度制	$\dfrac{\alpha\pi r}{180°}$	$\dfrac{\alpha\pi r^2}{360°}$
弧度制	αr	$\dfrac{\alpha r^2}{2}$

蜂巢六角形或足球的展开图

在日常生活中看到的马赛克图案，虽然一眼看去是一样的正多边形，但它其实有时是几种不同的正多边形的组合。**马赛克图案（填充平面的情况下）所使用的正多边形只有等边三角形、正方形和正六边形3种**，这一点在数学上已经得到了证明。那么蜂巢的内部结构为什么是正六边形的呢？公元4世纪前半期的古希腊数学家佩波斯认为："因为蜂巢不允许有外物入侵，所以其内部结构只能是等边三角形、正方形或正六边形。由于在周长相等的情况下正六边形的面积最大，故内部结构为正六边形的蜂巢适合蜜蜂储存蜂蜜。"蜜蜂知道怎样搭建蜂巢才能尽量多地储藏蜂蜜，故将蜂巢的内部结构设计为正六边形。

足球也是包含正六边形的物品。虽然足球看起来是球，但一般是由12个正五边形和20个正六边形组成的。**若将足球展开，会发现展开图中每个黑色的正五边形都是被5个白色的正六边形包围起来的。**

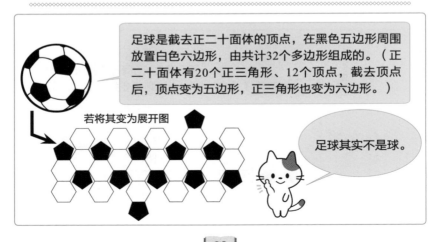

足球是截去正二十面体的顶点，在黑色五边形周围放置白色六边形，由共计32个多边形组成的。（正二十面体有20个正三角形、12个顶点，截去顶点后，顶点变为五边形，正三角形也变为六边形。）

若将其变为展开图

足球其实不是球。

以赤道为基准的国际单位制单位

　　日本使用米、千米和厘米作为表示长度的单位，这些单位被称为国际单位制单位。18 世纪末，由法国科学家组成的特别委员会建议将从地球的北极点到赤道的子午线弧长的 $\dfrac{1}{10\ 000\ 000}$ 作为 1 米。由此，地球的周长被定义为约 4 万千米（由于从严格意义上来说地球并不是球，而是一个旋转椭球体，所以实际尺寸存在一些误差）。

　　国际单位制是在公制基础上发展起来的单位制，于 1960 年第十一届国际计量大会通过并推荐各国采用。美国由于政府没有推广，国际单位制单位尚未得到普及，故美国依然使用英制单位。截至 2019 年，使用英制单位的国家除美国之外还有缅甸和利比里亚，但这两个国家也正朝着使用国际单位制单位的方向迈进。

> 从地球北极点到赤道的子午线弧长的 $\dfrac{1}{10\ 000\ 000}$ 的长度为1米

> 国际单位制

> 截至2019年，使用英制单位的只有美国、缅甸和利比里亚 3 个国家

主观概率与客观概率的区别

投掷硬币时投出硬币正面朝上的概率为 $\frac{1}{2}$，掷骰子时掷出一点的概率为 $\frac{1}{6}$。这里的 $\frac{1}{2}$ 和 $\frac{1}{6}$ 被称为"客观概率"。与之相反，"主观概率"是指在逻辑上无法验证、由人类情感等所左右的概率。例如，我们在乘坐列车时，猜测旁边坐的人是否是大学生的概率。由于答案只能从"是大学生"和"不是大学生"中二选一，故概率为 $\frac{1}{2}$（50%），但实际上有猜测概率为 40% 的人，也有猜测概率为 30% 的人。

这种概率便被称为"主观概率"。在主观概率中，因思考的人不同，概率会发生变化。主观概率的想法与贝叶斯统计有着密切关系。假设一开始设想的概率为"50%"。但是若连续从 3 个人那里都得到"不是大学生"这一回答，则大多数人会修改"50%是大学生"这一开始时的假设。贝叶斯统计的特点便与之相似，不断更新事前假设的数据。计算机上的垃圾邮件分类也是运用了这一思考方式。

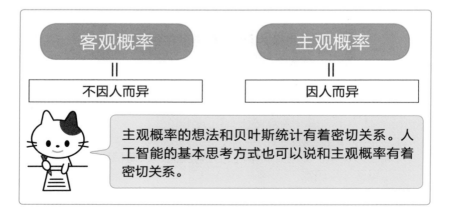

客观概率 = 不因人而异

主观概率 = 因人而异

主观概率的想法和贝叶斯统计有着密切关系。人工智能的基本思考方式也可以说和主观概率有着密切关系。

64

算式和单位是世界通用语，也是方便的工具

　　日本人使用日语，英国人使用英语。各个国家有各自的语言。没有人能够将世界各国的所有语言运用自如。但是在数学世界中使用的是世界共通的语言。1、2、3…这些数字在绝大多数的国家是一样的。"+""－""×""÷"四则运算符号，代表圆周率的"π"，表示相似之意的"∽"及代表角度的"θ"等，在绝大多数国家，也是一样的。

　　不擅长数学的人会说无法理解算式代表什么意思。但是如果没有"+"或"－"这些符号会发生什么呢？像"2+3＝5"这样的、在不经意间使用的算式，若没有"+"和"＝"，则必须一个字一个字地写成"2加上3等于5"这样的句子。如果是复杂的算式，那么句子将会变得非常长。如果没有之前介绍的国际单位制单位中的"m"这一单位，那么我们将不得不将之写成汉字"米"。数学的单位和算式是世界通用语，也是非常方便的工具。

第4章

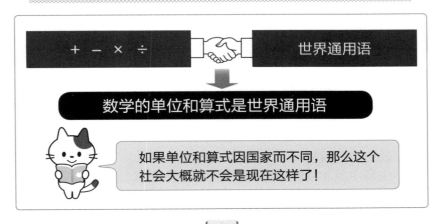

仅相差1级，地震的能量便差异巨大

我们都听到过用来表示地震大小的单位——震级。**震级是用对数表示地震所爆发的能量大小的数值**，它和表示摇晃程度的"烈度"不同。时常会有震级相同但烈度不同的情况。烈度是以设置于各地的烈度计的测量值为基础的。一般而言，震级由 $M=\lg A+B(\Delta, h)$（$A=$ 观测点的振幅，$B=$ 由震中距 Δ 或震源深度 h 所决定的修正项）这一表达式表示[1]。我们用对数函数定义震级。据计算，震级的值每增加1，该地震的能量将翻约32倍。**若震级增加2，则 32×32=1024，即会产生约1024倍的巨大能量。**震级7级的能量约为震级6级的能量的32倍，震级7.2级的能量约为震级7级的能量的2倍。可见，表示地震能量的震级仅仅增加1，地震的能量便会有相当大的差异。

1　日本震级计算有自己的一套公式。

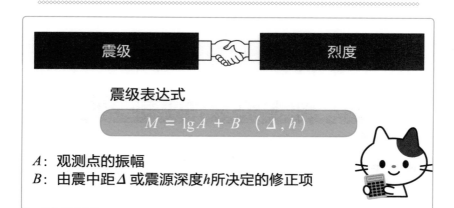

震级　　烈度

震级表达式

$$M = \lg A + B \ (\Delta, h)$$

A：观测点的振幅
B：由震中距 Δ 或震源深度 h 所决定的修正项

应用于各种场合的 n 进制

在日常生活中经常使用的"856""4329"等这类的阿拉伯数为十进制数。十进制指使用 0、1、2、3、4、5、6、7、8、9 这 10 个符号表示所有数（量和顺序）的方法。10 个 1 相加便是 10，10 个 10 相加便是 100，10 个 100 相加便是 1000，逢 10 进位，这便是十进制。"856"与"4329"可用" $8 \times 10^2 + 5 \times 10 + 6$ "与" $4 \times 10^3 + 3 \times 10^2 + 2 \times 10 + 9$ "这样的表达式来表示。

计算机使用二进制。二进制只用 0 和 1 表示数字，十进制的 1 用二进制表示为 1，十进制的 2 用二进制表示为 10，十进制的 3 用二进制表示为 11，十进制的 4 用二进制表示为 100。学 n 进制主要就是为了理解二进制。

第 4 章

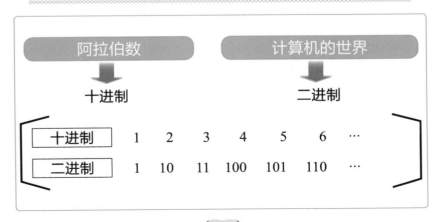

阿拉伯数　　计算机的世界

十进制　　　　　二进制

十进制	1	2	3	4	5	6	⋯
二进制	1	10	11	100	101	110	⋯

白银比例或黄金比例究竟是什么比例

想必读者们都听说过黄金比例这一名词。"黄金比例"被认为是最具有美感的比例,是会被不自觉地用于建筑和美术品的比例之一。从古希腊时代起,黄金比例也被称为"神圣比例"。运用了黄金比例的代表性建筑有希腊的帕特农神庙和法国的凯旋门等,代表性美术作品有米罗岛维纳斯等,它们都十分出名。

黄金比例的定义为:"线段 AB 上有一点 P,由满足关系 $AB:AP=AP:PB$ 或 $AB \times PB=AP^2$ 的点 P 对线段 AB 所作的分割被称为黄金分割,此时的 $AP:PB$ 被称为黄金比例"。我们身边的名片是由"黄金比例"所构成的物件之一,其长和宽的比例为"黄金比例"。

如"黄金比例"一样具有美感的比例还有"白银比例"。其具体数值为 $1:\sqrt{2}$。法隆寺的五重塔和金堂便是使用该比例筑造的建筑。"白银比例"还被应用于动画人物哆啦 A 梦与三丽鸥[1]的 Hello Kitty 等角色之中。

1　注:三丽鸥公司是全球著名的造型人物品牌发行商。其旗下肖像明星有 Hello Kitty、My Melody、Little Twin Stars 等。

黄金比例也被称为"神圣比例"。世界上有很多运用黄金比例的建筑或美术品。

A 型纸与 B 型纸大小的由来

纸的大小一般用 A 型、B 型进行区分。A 型纸和 B 型纸有统一的规格。A 型纸的尺寸是采用 1922 年的德国工业标准中的尺寸。A0 纸的面积约为 $1m^2$，短边长 841mm，长边长 1189mm，长宽比约为 $\sqrt{2}:1$。A1 纸的面积是 A0 纸的一半，A2 纸的面积是 A1 纸的一半。而日本的 B 型纸的尺寸据说是源于江户时代的公务用纸美浓和纸的尺寸，是日本独有的规格，与国际标准化组织规定的 ISO B 型纸的尺寸（国际标准 B0 纸的尺寸为短边长 1000mm，长边长 1414mm）有差别。在日本，规定 B0 纸的尺寸为短边长 1030mm、长边长 1456mm，它和 A 型纸大小的分类方式相同，B1 纸的尺寸是 B0 纸的一半，B2 纸的尺寸是 B1 纸的一半。除了这些还有 C 型纸的尺寸，这几乎不为人所知。C 型纸的尺寸主要用于描述信封的大小，和 A 型纸的尺寸存在比例关系。此外，还有用于描述书籍开本大小的纸张尺寸，如菊型开、32 开和 AB 开等。

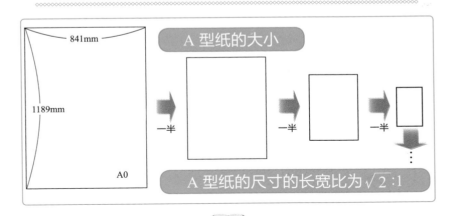

A 型纸的大小

841mm
1189mm
A0

一半 → 一半 → 一半 →

A 型纸的尺寸的长宽比为 $\sqrt{2}:1$

算术与数学故事 **4**

三囚犯问题是什么问题

凭直觉感知的概率实际上并不对？

有一个和在第 52 页中介绍的"蒙提霍尔问题"类似的、名为"三囚犯问题"的著名问题。

概率论中的三囚犯问题是由美国学者马丁·加德纳于 1959年提出的问题。

某个监狱有 A、B、C 3 名犯人。他们被关押在 3 个不同的牢房中。由于 3 人的罪状大同小异，故计划最近把 3 人一起处刑。然而此时发生了特赦，从 3 人中随机选取一人获得赦免。目前尚未公布谁将被特赦。即使各个囚犯询问"我会被特赦吗"，看守人员也不会回答他们。

于是囚犯 A 心生一计，他询问看守人员："除了我以外的两个人中，应该至少有一个人会被执行死刑。我想知道这个人的名字。由于和我无关，所以可以告诉我吗？"看守人员便告诉他："囚犯 B 将会被执行死刑"。听到这句话后的囚犯 A 心中大喜。

既然确定了囚犯 B 将会被执行死刑，那么被特赦的应该是囚犯 A 或囚犯 C 其中一人。囚犯 A 开心是因为囚犯 A 被特赦的概率从 $\frac{1}{3}$ 上升到了 $\frac{1}{2}$。

那么囚犯 A 的喜悦究竟是否合理呢？

原本囚犯 A 得到特赦的概率为 $\frac{1}{3}$，囚犯 B 和囚犯 C 得到特

有一种说法认为三囚犯问题是源于约瑟夫·贝特朗所提出的"贝特朗箱子悖论"。

赦的概率也为 $\frac{1}{3}$。将囚犯 B 或囚犯 C 会被执行死刑这一信息告诉囚犯 A，相当于同时将囚犯 B 和囚犯 C 得到特赦的可能性也告诉了囚犯 A。这里说囚犯 B 将会被执行死刑，意思是囚犯 B 得到特赦的概率为 0。与此同时，囚犯 C 得到特赦的概率从 $\frac{1}{3}$ 变为了 $\frac{2}{3}$。

囚犯 A 知道了囚犯 B 将会被执行死刑，则另一个会被执行死刑的人不是自己就是囚犯 C，剩下的那个人则会被特赦。虽然看起来囚犯 A 得到特赦的概率变成了 $\frac{1}{2}$，但是实际上囚犯 B 得到特赦的 $\frac{1}{3}$ 概率被转移到了囚犯 C 得到特赦的概率上了。换言之，囚犯 A 得到特赦的概率和一开始的 $\frac{1}{3}$ 相比，完全没有发生变化。

中位线定理

连接△ABC 的两边 AB、AC 各自中点的线平行于第三边，且其长度为第三边的 $\frac{1}{2}$。这一关系被称为中位线定理。

中位线定理的证明对理解初中几何十分重要。

M 是 AB 的中点

N 是 AC 的中点

中位线定理可依照以下步骤进行证明。

△ABC 的两边 AB、AC 的中点分别为 M、N。延长 MN，将满足 MN=ND 的点标为点 D。由于△AMN ≅ △CDN（两边一夹角分别对应相等），所以 AM=CD 且 AM//CD，故 MB=CD 且 MB//CD。

在四边形 MBCD 中，满足一组对边平行且长度相等的图形为平行四边形这一条件，可知四边形 MBCD 为平行四边形。

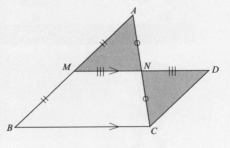

故 MN//BC。

又因为 MN=ND，

所以 MN=$\frac{1}{2}$BC。

大人也答不上来的
算术谜题

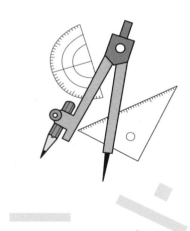

$2\dfrac{1}{3}$ 为什么可以由 $2\times3+1=7$ 变换为 $\dfrac{7}{3}$

现在介绍将带分数变换为假分数的方法。孩子们到了小学便会正式学习分数，能够进行 $\frac{1}{5}+\frac{2}{5}=\frac{3}{5}$、$\frac{1}{3}+\frac{1}{3}+\frac{1}{3}=\frac{3}{3}=1$ 等计算。此外还知道如 $\frac{1}{3}$、$2\frac{1}{3}$、$\frac{7}{3}$ 的 3 种分数。$\frac{1}{3}$ 是真分数，$2\frac{1}{3}$ 是带分数，$\frac{7}{3}$ 是假分数。此时棘手的是，将带分数变换为假分数和将假分数变换为带分数的问题。多数小学生在面对此类问题时会感到不知所措。通常情况下，孩子们在学校里会学到："对于 $2\frac{1}{3}$，$2\times3+1=7$，这便是分子，故变换为 $\frac{7}{3}$"。善于抓窍门的孩子往往直接相信老师说的是正确的，于是便不怎么思考，只是记住这种做法。

但是，对任何事情都仔细思考的孩子，便会想"咦！为什么用这种做法可以将带分数变换成假分数呢"，从而可能出现陷入思考而无法继续学习的情况。如果孩子提出类似的问题，大部分大人会回忆起在学校里学到的知识，解释说将 $2\frac{1}{3}$ 的整数部分与分母相乘，再加上分子 1，其结果便是假分数的分子。

若利用瓷砖来思考，便可更好地理解"带分数 $\rightleftharpoons$ 假分数"这一变换。

在下页所展示的图中，将正方形瓷砖 3 等分后的每一块瓷砖定义为 $\frac{1}{3}$ 瓷砖。3 块 $\frac{1}{3}$ 瓷砖合在一起便是 1 块正方形瓷砖。由图可知，$2\frac{1}{3}$ 块瓷砖是将多块 $\frac{1}{3}$ 瓷砖合并成 2 块正方形瓷砖后，还有单独的 1 块 $\frac{1}{3}$ 瓷砖。$2\frac{1}{3}$ 中的 2 是 2 个整数 1 之和，故有 2 块正方形瓷砖。1 块正方形瓷砖有 3 块 $\frac{1}{3}$ 瓷砖，故 2 块正方形瓷砖有 $2\times3=6$（块）$\frac{1}{3}$ 瓷砖。由于还有单独的 1 块 $\frac{1}{3}$ 瓷砖，故 $6+1=7$，这便是 7 块 $\frac{1}{3}$ 瓷砖。7 个 $\frac{1}{3}$ 加在一起就得到了 $\frac{7}{3}$。

分数的 3 个种类

真分数	带分数	假分数
$\dfrac{1}{3}$	$2\dfrac{1}{3}$	$\dfrac{7}{3}$

真分数 ➡ 带分数 ➡ 假分数

？

多数小学生会困惑于怎样才能进行变换

$2\dfrac{1}{3}$ 为什么可以由 $2 \times 3 + 1 = 7$ 变换为 $\dfrac{7}{3}$？

将正方形瓷砖3等分

有7块 $\dfrac{1}{3}$ 瓷砖 $= \dfrac{7}{3}$

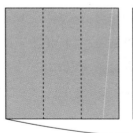 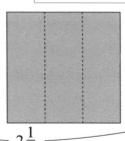 

$2\dfrac{1}{3}$

虽然我们总是不加怀疑地进行带分数和假分数之间的变换，但是重要的是不仅要记住变换方法，还要能够理解其本质。

小结

第5章

长方形的面积为什么可以用长 × 宽求取

对于"求宽为 5cm、长为 10cm 的长方形的面积"这一算术题的答案，如果小孩子在试卷上写"5+10=15（cm^2）"，那么大部分的父母会感到惊讶或失望吧！

大概还会用强硬的语气教训孩子："明明是求面积，为什么要用加法呢？难道不是明摆着要用乘法吗？"

但是如果孩子带着认真的表情问："为什么要用乘法求面积呢？"又有几个大人能正确回答呢？

只是看到长方形 ABCD，有小学生无法理解为什么可以用 $5 \times 10 = 50$（cm^2）算出面积并不奇怪。因为已经学习了加法运算、减法运算、乘法运算和除法运算，所以孩子知道求长方形的面积需要用到四则运算中的一个。对于人类而言离得最"近"的计算是"加法运算"，所以可以理解部分小学生为什么会错用加法运算来求面积。那么，下面让我们用边长为 1cm 的正方形来思考求面积的问题。

将这个正方形的大小定为 1cm^2，可通过思考下页图中的长方形 ABCD 包含多少个大小为 1cm^2 的正方形来求其面积。

若用图表示这个过程则如下页图所示。寻找在这个长方形 ABCD 中有多少个 1cm^2 的正方形（阴影部分）。一个个数过之后可知一共是 50 个正方形，故面积为 50cm^2。但是，还有一种方法可以更简单地求面积。由于在纵向上有 5 个 1cm^2 的正方形，在横向上有 10 个 1cm^2 的正方形，故可以认为这是由 5 个正方形组成的 10 列纵队。这便是 5×10（10 个 5 合在一起）。

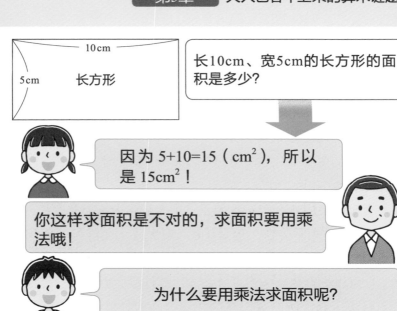

长10cm、宽5cm的长方形的面积是多少？

因为 5+10=15（cm²），所以是 15cm²！

你这样求面积是不对的，求面积要用乘法哦！

为什么要用乘法求面积呢？

⇒其面积为1cm²⇒

因为一个个数过之后可知有50个正方形，所以面积是50cm²

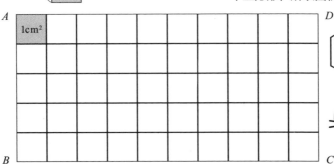

纵向5个
横向10个

小结

要想解释清楚长方形面积可以用乘法"长 × 宽"求取，如果不理解其本质是无法做到的。

带单位的分数与不带单位的分数的区别是什么

分数是以纸带或正方形瓷砖为基础，进行几"等分"之后的数。这是在低年级中使用的学习方法。我们学过，若有一条长 1m 的纸带，将其 4 等分之后的一份长 $\frac{1}{4}$ m。

有时还会用如下图所示的正方形来思考分数。虽然有（A）和（B）两种表示方法，但是（B）方法适合在学习了面积之后再使用。（A）方法是将正方形纵向 4 等分。当知道分数是什么之后，可以进行 $\frac{1}{3}+\frac{1}{3}=\frac{2}{3}$、$\frac{2}{4}-\frac{1}{4}=\frac{1}{4}$ 等计算。由于掌握了加法运算和减法运算，所以我们在刚学会分数时便能够进行分数间的计算。

将 1m 纸带 4 等分

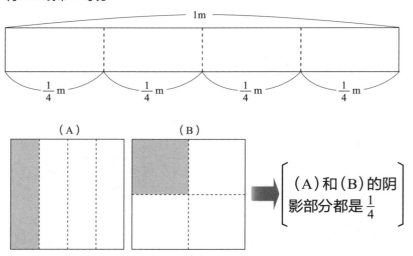

（A）和（B）的阴影部分都是 $\frac{1}{4}$

第5章

　　"三年级的洋子和一年级的妹妹美幸玩耍后觉得肚子饿了，便打开冰箱找吃的，结果发现冰箱里有昨天圣诞节聚会所剩下的 2 块蛋糕，一块是直径为 15cm 的圆形芝士蛋糕被 4 等分之后的一份，另一块是直径为 10cm 的圆形巧克力蛋糕被 4 等分之后的一份。洋子认为两块蛋糕都是 $\frac{1}{4}$ 块，所以是一样的，便说：'我要芝士蛋糕。'但是妹妹美幸说：'芝士蛋糕更大，而且我讨厌巧克力蛋糕。' '但是两块都是 $\frac{1}{4}$ 哦。我在学校里学过 $\frac{1}{4}+\frac{1}{4}=\frac{2}{4}$，所以是一样的数字哦。' '但是大小明明不一样啊，姐姐太狡猾了。'"在这个对话中，即使是不知道分数的妹妹，也知道就算是同样的 $\frac{1}{4}$ 也会有大小差异，如下图所示。想必读者已经注意到了，在"标准量"不同的情况下，两个 $\frac{1}{4}$ 的大小（量）会不一样。因为两个 $\frac{1}{4}$ 是不同的量，所以不能进行 $\frac{1}{4}+\frac{1}{4}$ 这样的计算。这对于小学生而言却是不可思议的事情。

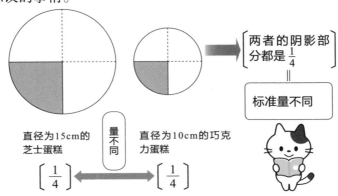

两者的阴影部分都是 $\frac{1}{4}$

＝

标准量不同

直径为15cm的
芝士蛋糕

量不同

直径为10cm的巧克力蛋糕

$\left[\frac{1}{4}\right]$ ⟷ $\left[\frac{1}{4}\right]$

小结　分数可以表示量或比例。彩带长 $\frac{1}{4}$ m 是表示量，班级里喜欢足球的人占 $\frac{1}{4}$ 则表示比例。只有当标准量相同时，才可以对分数进行加法或减法运算。

小数乘法为什么会导致小数点左移

对于如 3.14×2.6 这样的小数乘法，我们会不自觉地在算出数字相乘的结果后将小数点向左移动"3 位"。因为这是 2 位小数和 1 位小数的乘法，把小数位数加起来便是 3 位。

但是，如果孩子问："3.14×2.6 的计算中为什么要把小数点左移 3 位？"能够马上说明原因的大人恐怕也不多。虽然是孩子提出的"为什么"，但是有时以此为契机，大人也会开始思考问题背后的真相。

在思考小数乘法之前，我们首先思考整数乘法。

12	×	13	=	156
↓ ×10		↓ ×10		↓ ×100
120	×	130	=	15 600

利用这一性质，接下来思考带小数点的数之间的乘法，即 3.14×2.6 的计算。

3.14	×	2.6	=	A
↓ ×100		↓ ×10		↓ ×1000
314	×	26	=	8164

通过下页介绍的步骤来思考这个计算，我们便能明白为什么结果扩大到了 1000 倍，以及为什么求 A 需要把计算结果除以 1000。

$$3.14 \quad \times \quad 2.6 \quad = \quad \boxed{A}$$

$$\downarrow \times 100 \quad \downarrow \times 10 \quad \downarrow \times 1000 \quad \div 1000$$

$$314 \quad \times \quad 26 \quad = \quad 8164$$

步骤

①为了将3.14变为整数，将其扩大到100倍。

②为了将2.6变为整数，将其扩大到10倍。

③计算$314 \times 26 = 8164$。

④由于两个数扩大到的倍数分别为100倍和10倍，故A扩大到1000倍后为8164。

⑤用8164除以1000便是原来的A，即$A = 8164 \div 1000 = 8.164$。

移动小数点时必需的知识点

①$200 \div 10 = 20$，200除以10则200的小数点向左移动1位变为20。

　　$200.0 \to 20.00 \to 20$

②$8 \div 10 = 0.8$，8除以10则8的小数点向左移动1位变为0.8。

　　$8.0 \to 0.80 \to 0.8$

③$28 \div 100 = 0.28$，28除以100则28的小数点向左移动2位变为0.28。

　　$28.0 \to 0.280 \to 0.28$

在小数乘法中为什么小数点会向左移动，理解其原因后计算也将变得有趣起来。

进行小数乘法时，理解小数点的移动是很重要的。计算 3.14×2.6 也是一样，要求具有一些预备知识。这便是算术被称为积累式学习的原因。

小结

圆的面积为什么可以用半径 × 半径 ×3.14 求取

尝试将圆分解为扇形后再求其面积

以 O 为圆心、直径为 10cm 的圆，如下图所示。如果想知道圆的周长，可以用细线沿圆周绕一圈，然后测量细线的长度。这是小学生可以做到的事情。

绕圆一周的细线大概长 31cm，周长约是直径的 3.1 倍，而且所有的圆的周长都约为直径的 3.1 倍，圆的周长与直径的比值被称为圆周率。详细查找圆周率的数值，可知其等于 3.141 59…，小数点后数字无限延续，是一个无限不循环小数（无理数）。在数学中用 π（常取 3.14）表示圆周率，详见第 8 页。在小学高年级时学生们会学习求取圆面积的计算公式。若设半径为 r，则圆的面积 S 可以用 $r \times r \times 3.14$ 求取。

即 $S = r \times r \times 3.14$ 或 $S = \pi r^2$。

在下图中，由 $5 \times 5 \times 3.14 = 78.5$ 可得圆 O 的面积为 78.5cm^2。

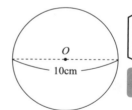

有一个直径为10cm的圆。怎样才能计算这个圆的周长呢？

圆周长 = 直径 × 圆周率

圆周率 = 3.141 59…（无限不循环小数）

这大概是绝大多数成年人知道的公式。但是，为什么用"半径 × 半径 ×3.14"求取圆的面积，要说明这一点却并不容易，因为若想真正理解这个公式就需要用到"微积分"。

这里介绍将圆等分后计算其面积的方法。

如下图中①~③所示，圆被 8 等分、16 等分、32 等分······
如此被细细分割后，将会逐渐接近如④所示的长方形。①中
圆的面积和④中长方形 ABCD 的面积几乎相等。

AB 为半径，故 AB=5cm。BC+AD 是圆周长，故 BC+AD=
10 × 3.14=31.4（cm）。BC 为 31.4cm 的一半，即 15.7cm。5cm
为半径长度，若将其写作 r，则 $AB \times BC = r \times r \times 3.14 = 3.14r^2$
（AB= r，BC=r × 3.14）。

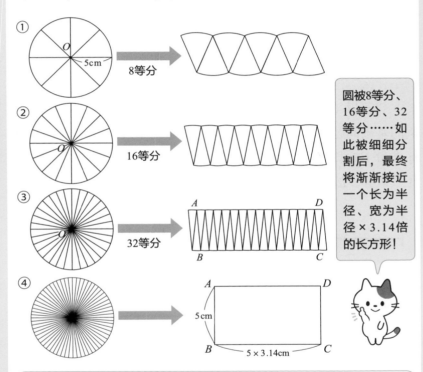

圆被8等分、16等分、32等分······如此被细细分割后，最终将渐渐接近一个长为半径、宽为半径×3.14倍的长方形！

虽然是圆，但将其变为长方形后再思考怎样求出面积的想法十分重要。理解推导公式的过程，不仅能记住圆的面积公式，还可培养灵活的思维。

小结

进行比例计算时为什么将10%改写成0.1

　　"200日元的10%是多少钱"，若要求"写出算式"，则除了"200×0.1=20（日元）"，还有人会写下"200÷10=20（日元）"。有些人可能不理解为什么这么列后一个算式，但是若将200÷10这一算式解释为"因为10%是总体的$\frac{1}{10}$，所以也可以将表达200日元的10%的式子列为200日元除以10"就容易理解了。如果习惯于记下10%＝0.1这一等式并计算，那么将不太会注意到"比例是什么"这一问题。

　　"若以100日元为标准，则10日元占多大比例？"这是比例的基础问题。若用线段图表示，则为下图中上半部分所示，将标准量100日元视为单位1。现在单凭这张图还无法知道要进行什么运算，故将其改为如下图下半部分所示的线段图。

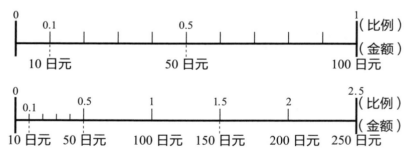

　　若将100日元作为标准（视为单位1），则200日元为单位2。算式为200日元÷100日元＝2。50日元÷100日元＝0.5，150日元÷100日元＝1.5，250日元÷100日元＝2.5，同理10日元÷100日元＝0.1。如此将算式罗列出来，则作为标准量的100日元为除数，被除数为50日元、150日元、250日元及10日元等比较量。由此，可得比例公式为"比例＝比较量÷标准量"。

如下图所示，将 100 日元作为单位 1，由于 50 日元为其一半，故 $\frac{50日元}{100日元}=\frac{1}{2}$。这个 $\frac{1}{2}$ 便是比例。注意：此时"日元"这一单位将消失。若将其套入比例公式则为 50 日元÷100 日元 $=\frac{1}{2}=0.5$。上页图中的 10 日元÷100 日元 $=\frac{1}{10}=0.1$。0.5 和 0.1 都是比例，不同于表示量的数字。

将总体视为单位 1

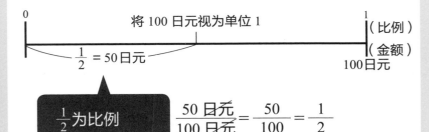

$\frac{1}{2}$ 为比例　$\frac{50 日元}{100 日元}=\frac{50}{100}=\frac{1}{2}$

求比例的公式为"比例＝比较量÷标准量"。0.1或0.5这些数字和表示量的数字不一样。

比例没有单位。为了表示 0.1 是比例，将其扩大到 100 倍后加上 % 写作 10%，这被称为百分数。因此，计算时需要进行将 10% 还原成 0.1 这一操作。

小结

进行乘法运算或除法运算时单位如何变化

柿子 1 个、橘子 2 个、车 3 辆、塑料瓶 4 个、丝带长 50cm，诸如此类的具体的肉眼可见的物品一定带有单位。而肉眼不可见的时间、速度如 1h、100km/h 等也带有单位。

"两个人平分 10 个苹果，则一个人几个苹果？"若用带单位的算式表示这个问题，则为 10 个 ÷ 2 人 = 5 个 / 人。"5 个 / 人"代表"每人 5 个"。"10 个苹果，平均每人分 2 个，可以分给几个人？"将其用算式表示则可写作 10 个 ÷ 2 个 / 人 = 5 人。若将 10 个 ÷ 2 人 写成分数，则可表示为 $\frac{10 个}{2 人}$，数字部分约分后为 5，单位部分则变为 $\frac{个}{人}$。将 $\frac{个}{人}$ 写作"个 / 人"，这个单位意为"平均每人多少个"。将 10 个 ÷ 2 个 / 人 的单位部分单独取出，则为 "个 ÷ $\frac{个}{人}$"。像分数计算一样计算这个表达式，"个"像约分时一样被消去，只剩下"人"。

接下来用速度来思考这个问题。"驾驶汽车行驶 100km 花费 2 小时，求汽车的速度。"这道题可写为 100km ÷ 2h = 50km/h。意为"平均每小时行驶 50km"，该汽车的速度为 50km/h。若只看单位部分，则由 100km ÷ 2h = $\frac{100km}{2h}$ 得到 50 和 $\frac{km}{h}$，可将其写作 50km/h。

"驾驶时速 50km 的汽车行驶 3 小时，总共行驶了多少 km？"这个问题可写作 50km/h × 3h = 150km。

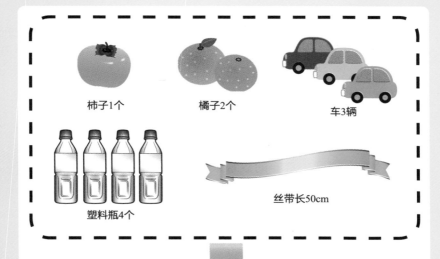

柿子1个　　橘子2个　　车3辆

丝带长50cm

塑料瓶4个

肉眼可见的物品一定带单位

1h、100km/h　等时间或速度

肉眼不可见的东西也可以带单位

只把目光放在单位上思考时间（h）或距离（km）等，便可充分理解在乘法运算和除法运算中单位在发生变化这一事实！

小结

若单独提取单位进行计算，便可理解在计算过程中单位是如何变化的，以及为什么表示速度的单位写作"km/h"。（注意：加法运算和减法运算中运算符号前后单位应是一样的。）

极大数的世界

超乎想象般大的数字是存在的

巨大数指比日常生活中使用的数还要大的数（实数）。超乎想象的、非常大的数在数学、天文学、宇宙学、密码学、计算机等领域中常会遇到。这样的数常常被称为天文数字。**有一门研究比天文数字还要大许多的数的学科，叫作巨大数论（googology）。** 虽然天文数字也被称为巨大数，但在巨大数论中，特殊符号的使用使表示非常大的数成为可能。顺便一提，和巨大数相对的，我们将不等于 0 但无限趋近于 0 的正实数称为微小数。

下面介绍一些经常听到的计数单位。

1 000 000 是多少呢？——100 万。计数单位有个、十、百、千、万、亿、兆（古代指 1 万亿，现指 100 万）……虽然我们通常见不到兆以上的数字，但计数单位远远不止这些。兆以上的单位，还有京、垓、秭、穰、沟、涧、正、载、极、恒河沙、阿僧祇、那由他、不可思议和无量大数（译者注：古代用法）。1 无量大数是一个 69 位的数字，也就是在 1 的后面排列有 68 个 0 的巨大数字。

数有如常见的"35"或"2019"等通常的表示方法，还有在数学中学到的如"5×10^4""7×10^6"这样的"科学记数法"。

有一个写作"!"的在数学中使用的符号。这个符号读作"阶乘"。其含义为：$4! = 4 \times 3 \times 2 \times 1, 3! = 3 \times 2 \times 1$。

除了这些，**还有意为极大数计算的"高德纳箭号表示法"**。该表示法使用"↑"这一符号。这个符号的意思是：若写作"a ↑ b"则意为 a 的 b 次方，即 a^b。"2 ↑ 2"为 2 的 2 次方，即 2×2，"2 ↑ 2=4"。

　　那么"2 ↑↑ 2"代表什么呢？这个算式意为"2 的 2 次方"的计算结果为多少，便将多少个 2 连续相乘。2 的 2 次方为 4，2 的 4 次方即 2×2×2×2 等于 16。虽然 16 并不是那么大的数，但若将"2 ↑↑ 2"改为"3 ↑↑ 3"，便可表示 3 的 27 次方，即 7 625 597 484 987。若是"3 ↑↑↑ 3"呢？那会是一个无法想象的巨大数。

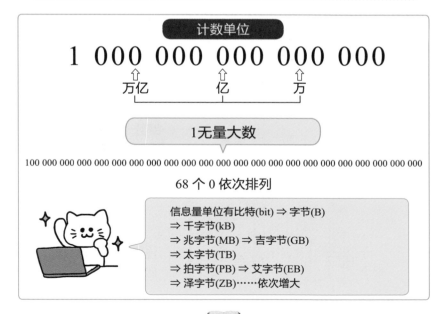

计数单位

1 000 000 000 000 000 000

万亿　　亿　　万

1无量大数

100 000 000 000 000 000 000 000 000 000 000 000 000 000 000 000 000 000 000 000 000 000 000 000 000 000 000

68 个 0 依次排列

信息量单位有比特(bit) ⇒ 字节(B)
⇒ 千字节(kB)
⇒ 兆字节(MB) ⇒ 吉字节(GB)
⇒ 太字节(TB)
⇒ 拍字节(PB) ⇒ 艾字节(EB)
⇒ 泽字节(ZB)……依次增大

概率的加法定理和乘法定理

掷骰子时出现 1 点的概率为 $\frac{1}{6}$，这很好理解。那么掷 2 次骰子，至少出现一次 1 点的概率有多大呢？

第一次掷骰子时出现 1 点的概率为 $\frac{1}{6}$，第二次出现 1 点的概率也是 $\frac{1}{6}$，最终概率为 $\frac{1}{6}+\frac{1}{6}=\frac{1}{3}$（译者注：原书中这个计算方法并不正确，由于每次掷骰子都是独立事件，不应将两次掷骰子出现 1 点的概率简单相加。掷两次骰子至少出现一次 1 点的概率应为 $1-\frac{5}{6}\times\frac{5}{6}=\frac{11}{36}$，其中 $\frac{5}{6}\times\frac{5}{6}$ 为掷两次骰子都没有出现 1 点的概率）。那么掷一次骰子，出现奇数点的概率有多大呢？奇数为 1、3、5，由于出现 1、3、5 点的概率分别为 $\frac{1}{6}$，故概率为 $\frac{1}{6}+\frac{1}{6}+\frac{1}{6}=\frac{1}{2}$。将概率相加求新概率的方法被称为"概率的加法定理"。

那么连续两次出现 1 点的概率，或连续两次出现奇数点的概率有多少呢？其概率分别为 $\frac{1}{6}\times\frac{1}{6}=\frac{1}{36}$ 和 $\frac{1}{2}\times\frac{1}{2}=\frac{1}{4}$。

像这样将各自的概率相乘后求新概率的方法被称为"概率的乘法定理"。

[第一次掷骰子] [第二次掷骰子]

1点　　　　1点

$\frac{1}{6}$ 概率　　$\frac{1}{6}$ 概率

概率的乘法定理

$$\frac{1}{6}\times\frac{1}{6}=\frac{1}{36}$$

连续两次出现1点的概率

第6章

解答算术与数学问题

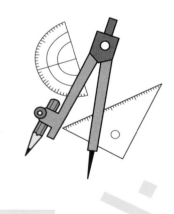

尝试挑战日本初中入学考试题①

使用题目给出的条件推导出答案

（问题）

得分	0	1	2	3	4	5	6	7	8	9	10
人数	1	3	3	4	6	8	6	5	4	4	2

　　某班级进行了算术测试，共有 A、B、C、D 4 道题。答对了题 D 的有 23 人。每道题的分数分别为题 A 1 分、题 B 2 分、题 C 2 分、题 D 5 分，只有答对问题才能得到相应的分数。该班级的得分情况如上表所示，请回答以下问题。

（荣光学园初中部）

① 该班级的平均分为多少？答案保留 1 位小数。

② 只答对 2 道题的学生有几人？

③ 答对了题 A 的学生有几人？

稍 事 休 息

一寸法师的个子确实很矮

　　"一寸法师"是日本一个民间故事中的主人公的名字。一寸是长度单位，约为 30.303mm，即约 3cm（注：日本一寸的长度和我国的不一样，我国一寸约为 33.333mm）。所以一寸法师的身高约为 3cm。表示 1 寸的 $\frac{1}{10}$ 的单位是分（10 分 =1 寸）。

（答案）

① 5.3 分　　② 21 人　　③ 25 人

（讲解）

①若不知道班级总人数和全班人的总分便无法求平均分。由 1+3+3+4+6+8+6+5+4+4+2=46 可知班级总人数为 46 人。由 $0×1+1×3+2×3+3×4+4×6+5×8+6×6+7×5+8×4+9×4+10×2=244$ 可知总分为 244 分。由 $244÷46 = 5.304…$ 可知平均分约为 5.3 分。

②只答对 2 道题的分数组合有：3 分→答对 A、B 或 A、C，4 分→答对 B、C，没有 5 分的组合，6 分→答对 A、D，7 分→答对 B、D 或 C、D，8 分以上必须答对 3 道题所以没有符合条件的组合。所以，得分为 3 分、4 分、6 分、7 分的学生答对了 2 道题。由 4+6+6+5=21 可知只答对 2 道题的学生有 21 人。

③若能意识到得分 6 分及以上的人都答对题 D，则此问可迎刃而解。答对题 D 的有 23 人，由 23-(6+5+4+4+2) = 2（括号中的数相加为得分 6 分及以上的人数），可知得分为 5 分且答对题 D 的人数为 2 人。而答对题 A 的人的得分可能是 1 分、3 分、5 分、6 分、8 分和 10 分。在得分为 5 分的人中，由 8-2 = 6 可知答对了题 A 的有 6 人。由 3+4+6+6+4+2 = 25 可知答对了题 A 的学生有 25 人。

$$\begin{array}{cccccc} ↑ & ↑ & ↑ & ↑ & ↑ & ↑ \\ 1 & 3 & 5 & 6 & 8 & 10 \\ 分 & 分 & 分 & 分 & 分 & 分 \end{array}$$

小结

为了求出答案，从题干中找到需要特别注意的部分是十分重要的。若能意识到需要注意到的地方，便可推导出答案。

尝试挑战日本初中入学考试题②

问题

写出以下 ☐ 中需要填入的数。

有若干个橘子。A 拿走了全部的 $\frac{1}{4}$ 又 3 个，然后 B 拿走了剩下的 $\frac{1}{6}$ 又 ☐ 个，最后 C 拿走了剩下的所有橘子。3 人拿到的橘子个数是一样的。

（圣光学院初中部）

橘子的个数是多少？

稍 事 休 息

巨人马场的脚的尺寸大约为 38cm

日本曾经有一个时代用"文"表示鞋子的尺寸。1 文约为 2.4cm。以 16 文飞踢而闻名的职业摔跤手巨人马场（译者注：本名马场正平，1938 年 1 月 23 日—1999 年 1 月 31 日，日本知名的职业摔跤手）的脚的大小由 2.4×16=38.4 可知约为 38cm。可见他是长了一双大脚呢。

答案

8

讲解

这个问题被称为比例问题。我们可以尝试画出线段图。A 拿走了总体的 $\frac{1}{4}$ 又 3 个，由于这和总体的 $\frac{1}{3}$ 相等，故可画出如下线段图。

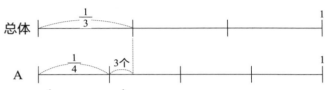

总体的 $\frac{1}{3}$ 与总体的 $\frac{1}{4}$ 加 3 的和相等。

由 $\frac{1}{3} - \frac{1}{4} = \frac{4}{12} - \frac{3}{12} = \frac{1}{12}$ 可知总体的 $\frac{1}{12}$ 等于 3。

由 $3 \div \frac{1}{12} = 36$ 可知总体的橘子个数为 36 个。由 $36 \div 3 = 12$ 可知 1 个人拿到的橘子个数为 12 个。由 $36 - 12 = 24$ 可知 A 拿了橘子之后，剩下的橘子有 24 个。

24 的 $\frac{1}{6}$ 为 $24 \times \frac{1}{6} = 4$，为了凑齐 12 个，由 $12 - 4 = 8$ 可知 B 必须再拿 8 个。

如此，类似于"总体的 $\frac{1}{10}$ 是 2，那么总体有多少个"这样的问题被称为比例问题。画出线段图便能更好地理解此类问题。

在比例问题中，若尝试将题目给出的条件画成线段图，则可看出总体的情况。若能画出正确的线段图，比例问题便不再困难。

小结

尝试挑战日本初中入学考试题③

无法直接算出答案的面积的求取方法

问题

有一个面积为 24cm² 的 △ABC。点 D 为 AB 的中点,点 E、F、G 为 BC 的 4 等分点,点 H、I 为 GA 的 3 等分点。求此时 △DFH 的面积。

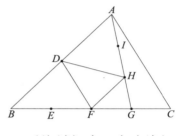

(海城初中,有改编)

剩下的东西里真的有福气吗

"剩下的东西里有福气"这一日本谚语源自木偶剧中的"剩下的茶里有福气",用于劝诫别人没有必要在某事的优先顺序中把自己排在前面。但从概率上来说,如果每次把签放回,那么第一个抽签和最后一个抽签,抽中的概率其实是一样的。

答案

4cm²

讲解

△DFH 位于一个与 △ABC 的各边都看似无关的位置。在这样的情况下,找出一种间接求取 △DFH 面积的方法(逆向思维)便十分重要。若能看出 △ABG 的面积可以通过某种方法求取,应该便能注意到将其减去 △ADH、△DBF 和 △HFG 的面积便可得到 △DFH 的面积。

即 $S_{\triangle DFH} = S_{\triangle ABG} - (S_{\triangle ADH} + S_{\triangle DBF} + S_{\triangle HFG})$

首先作辅助线 BH。

因为　$\triangle ABG$ 与 $\triangle ABC$ 同高，

且 $BG = \dfrac{3}{4} BC$，

所以　$S_{\triangle ABG} = \dfrac{3}{4} S_{\triangle ABC} = \dfrac{3}{4} \times$ 24 = 18 (cm^2)。

因为　$\triangle ABH$ 与 $\triangle ABG$ 同高，

且 $AH = \dfrac{2}{3} AG$，

所以　$S_{\triangle ABH} = \dfrac{2}{3} S_{\triangle ABG} = \dfrac{2}{3} \times 18 = 12$ (cm^2)。

因为　D 为 AB 的中点，

所以　$S_{\triangle ADH} = \dfrac{1}{2} S_{\triangle ABH} = \dfrac{1}{2} \times 12 = 6$ (cm^2)。

因为　$\triangle HBG$ 与 $\triangle ABG$ 同底，且 $HG = \dfrac{1}{3} AG$，

所以　$\triangle HBG$ 的高为 $\triangle ABG$ 的高的 $\dfrac{1}{3}$。

即　$S_{\triangle HBG} = \dfrac{1}{3} S_{\triangle ABG} = \dfrac{1}{3} \times 18 = 6$ (cm^2)。

因为　$\triangle HFG$ 与 $\triangle HBG$ 同高，且 $FG = \dfrac{1}{3} BG$，

所以　$S_{\triangle HFG} = \dfrac{1}{3} S_{\triangle HBG} = \dfrac{1}{3} \times 6 = 2$ (cm^2)。

因为　D 为 AB 的中点，F 为 BC 的中点，

所以　$S_{\triangle DBF} = \dfrac{1}{4} S_{\triangle ABC} = \dfrac{1}{4} \times 24 = 6$ (cm^2)。

所以　$S_{\triangle DFH} = 18 - (6 + 6 + 2) = 4$ (cm^2)。

即　$\triangle DFH$ 的面积为 4cm^2。

小结

为了求 $\triangle DFH$ 的面积，必须先求 $\triangle ABG$ 的面积。$\triangle DFH$ 的面积可通过 $\triangle ABG$ 的面积减去 $\triangle ADH$、$\triangle DBF$ 和 $\triangle HFG$ 的面积求得。能否画出辅助线 BH 是解这道题的关键。

第６章

挑战数学问题①（数的性质）

即使只用小学生的算术知识也能解决的问题

问题

有一块宽为 90cm、长为 1.26m 的长方形空地。现在想毫无间隙地在这片空地上铺大小一致的正方形软木。如果希望每一块正方形软木都尽可能大，那么需要多少块正方形软木？

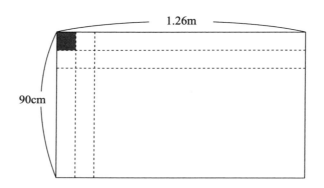

稍 事 休 息

得到左右对称的结果的神奇的乘法运算

1 × 1 = 1。那么 11 × 11 等于多少呢？——答案是 121。那么 111 × 111 呢？——答案是 12 321。1111 × 1111 等于 1 234 321，11 111 × 11 111= 123 454 321。两个一样的由连续的 1 组成的数相乘，其结果是一个左右对称的数。这是一种神奇的乘法运算。

98

答案

35

讲解

　　单位不同时无法进行计算，故先统一单位。可将长换算为 126cm，宽为 90cm。若能注意到 90cm 和 126cm 都可以被某个数整除便能解出这道题。例如，将宽除以 6，由 90÷6=15 可知宽可以被 15 等分。而由 126÷6=21 可知长可以被 21 等分。即可以将边长为 6cm 的正方形在纵向上排列 15 个，在横向上排列 21 个。但是这道题中要求用尽可能大的软木。毫无疑问，这是这道题的关键词。6 是 90 和 126 的公约数。接下来若能意识到这是一个需要求出 90 和 126 的最大公约数的问题，便能解出这道题。

$$90 = 2 \times 3 \times 3 \times 5$$
$$126 = 2 \times 3 \times 3 \times 7$$
$$2 \times 3 \times 3 = 18$$

　　可知边长为 18cm 的正方形软木是满足条件的最大软木。由 90÷18=5 可得纵向上的软木数为 5 块，由 126÷18 = 7 可得横向上的软木数为 7 块。因此，由 5×7 = 35 可得需要 35 块边长 18cm 的正方形软木。

小结

　　这道题的关键词是约数，也是求最大公约数的问题。解决问题的第一步是找出题干中的关键词。

挑战数学问题②（函数）

求出关系式后再解决问题

问题

在如下图所示的直角三角形 ABC 中，点 P 在 AB 上从 B 向 A 移动，点 Q 在 BC 上从 B 向 C 移动。点 P 的移动速度为每秒 3cm，点 Q 的移动速度为每秒 2cm。设移动时间为 x s 时的 $\triangle PBQ$ 的面积为 $y$cm²，回答以下问题。

① 用含 x 的表达式表示 BP 的长度。

② 用含 x 的表达式表示 y。

③ 求 x 的变化范围。

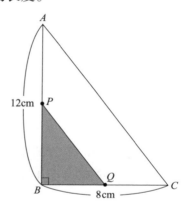

稍·事·休·息

x 的 y% 和 y 的 x% 答案相同

x 的 y% 的结果和 y 的 x% 的结果相等。是不是非常奇妙？可以代入不同的数验证一下。100 的 5% 是 5，5 的 100% 是 5，二者相等。那么 80 的 20% 如何呢？——其结果是 16，而 20 的 80% 也是 16。

答案

① $3x$ cm　　② $y=3x^2$　　③ $0 \leqslant x \leqslant 4$

讲解

这是一个不知道三角形面积的计算方法和速度公式便无法解答的二次函数问题。

由于点 P 移动的速度为 3cm/s，故 BP 的长度可用 $3x$ cm 表示。

而且由 $12 \div 3 = 4$ 可得点 P 从点 B 移动到点 A 需要花费 4s。

由于点 Q 移动的速度为 2cm/s，故 BQ 的长度可用 $2x$ cm 表示。

而且由 $8 \div 2 = 4$ 可得点 Q 从点 B 移动到点 C 需要花费 4s。

由于 $S_{\triangle PBQ} = BQ \times BP \times \dfrac{1}{2}$，

故 $y = 2x \times 3x \times \dfrac{1}{2} = 3x^2$。

由于点 P 从点 B 移动到点 A 需要 4s，点 Q 从点 B 移动到点 C 同样也需要 4s，故 x 的取值范围为 $0 \leqslant x \leqslant 4$。

该函数的图像如下所示。

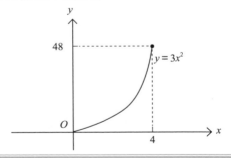

若知道了 BP 和 BQ 的长度，便能求取 $\triangle PBQ$ 的面积。若能意识到这一点，便能知道用 x 表示 BP 和 BQ 的方法。几何和函数相结合的问题是初中数学中一定会出现的题型。

小结

挑战数学问题③（几何）

问题

在下图中，四边形 *ABCD* 是 *AD*//*BC* 的梯形。设 *AB* 中点为 *E*，从 *E* 出发作平行于 *BC* 的线，设其与 *BD*、*CD* 的交点分别为 *F*、*G*。

在此条件下，回答以下问题。

① 求 *EG* 的长。

② 求△ *EBF* 和四边形 *FBCG* 的面积比。

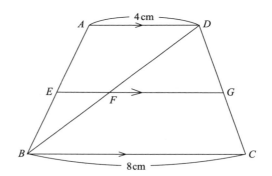

可简单得出与找零相关的计算的答案

计算用一张 1 万日元的钞票支付 6734 日元的价款时的找零。用 9999−6734+1 进行计算便可简单地得出答案。可以迅速算出 9999−6734=3265，再将其加上 1 便是需要求取的答案。

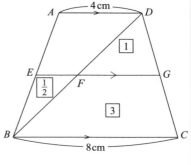

答案

① 6cm   ② 1 : 6

讲解

① 因为 $EF = \dfrac{1}{2}AD$,

所以 $EF = \dfrac{1}{2} \times 4 = 2(\text{cm})$。

因为 $FG = \dfrac{1}{2}BC$,

所以 $FG = \dfrac{1}{2} \times 8 = 4(\text{cm})$。

所以 $EG = EF + FG = 2 + 4 = 6(\text{cm})$。

② 由于不知道这个梯形的高，故无法算出四边形 $FBCG$ 或 $\triangle EBF$ 的面积。但是，可以用相似比来求面积比。

因为 $\triangle DFG \backsim \triangle DBC$,

所以 $\triangle DFG$ 与 $\triangle DBC$ 的相似比为 $1 : 2$。

所以 $S_{\triangle DFG} : S_{\triangle DBC} = 1^2 : 2^2 = 1 : 4$。

因为 $\triangle EBF$ 与 $\triangle DFG$ 等高，且 $EF = \dfrac{1}{2}FG$,

所以 $S_{\triangle EBF} : S_{\triangle DFG} = 1 : 2$。

若设 $S_{\triangle DFG} = \boxed{1}$,

则 $S_{\triangle EBF} = \boxed{\dfrac{1}{2}}$, $S_{\triangle DBC} = \boxed{4}$,

所以 $S_{\text{四边形}\,FBCG} = \boxed{4} - \boxed{1} = \boxed{3}$。

即 $S_{\triangle EBF} : S_{\text{四边形}\,FBCG} = \boxed{\dfrac{1}{2}} : \boxed{3} = 1 : 6$。

在缺少一个条件的情况下，有时可以利用比例求出问题的答案。②中的问题便是利用面积比和相似比的平方成比例解出的。

小结

第6章

尝试挑战日本高中入学考试题

利用求圆锥体积的公式解决问题

问题

　　下图是将底边长为 6cm、高为 8cm 的直角三角形 *ABC* 在高度的 $\frac{1}{2}$ 处切断后得到的梯形。求将这个梯形以直线 *l* 为轴旋转一圈后得到的立体图形的体积。圆周率可保留 π。

（富山高中）

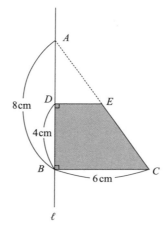

稍 事 休 息

1001 是可以返回初始数的神奇数

用 1001 除 3 位数重复 2 次后得到的数，便可得到初始的 3 位数。用 451 这一数进行尝试。451 451÷1001=451——确实返回了初始数。由于 1001 这一数还可指一千零一夜，故也被称为"山鲁佐德"。（译者注：山鲁佐德即《一千零一夜》中宰相的女儿，她以讲故事的方式吸引国王，以让国王不忍心杀她。）

答案

$84\pi\ \mathrm{cm}^3$

讲解

△ ADE 和 △ ABC 相似，且相似比为 $1:2$，故 $DE=\dfrac{1}{2}BC=6\times\dfrac{1}{2}=3$ (cm)。

旋转 △ ABC 所得到的圆锥的体积，减去旋转 △ ADE 所得到的圆锥的体积后剩下的部分即为旋转梯形 $DBCE$ 所得到的立方体的体积。

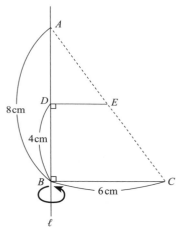

旋转 △ ABC 所得到的圆锥的体积为 $6\times6\times\pi\times8\times\dfrac{1}{3}=96\pi$ (cm^3)。

旋转 △ ADE 所得到的圆锥的体积为 $3\times3\times\pi\times4\times\dfrac{1}{3}=12\pi$ (cm^3)。

$96\pi-12\pi=84\pi$ (cm^3) 即为旋转梯形 $DBCE$ 所得到的立方体的体积。

注：由于 △ ADE 和 △ ABC 的相似比为 $1:2$，故旋转这两个三角形所得到的圆锥的体积比为 $1^3:2^3=1:8$。所以也可以在算出大圆锥的体积为 96π cm^3 之后，依照 $96\pi\div8=12\pi$ (cm^3) 求小圆锥的体积的方法。

小结

在初中数学中，无法直接求取旋转梯形后得到的立体图形的体积。旋转梯形后可以得到一大一小两个圆锥，所以需要思考如何利用这两个圆锥来求取旋转梯形所得到的立方体的体积。

尝试挑战数学定理题

基本数学定理之一的"勾股定理"

问题

如下图所示，作以 A（2,4）、B（6,8）、C（10,0）这 3 点为顶点的三角形。回答下列问题。设坐标轴上的一个单位长为 1cm。

① △ABC 是什么三角形？

② 求 △ABC 的面积。

③ 由点 C 出发作 AB 的垂线，与 AB 的交点为 D，求 CD 的长。

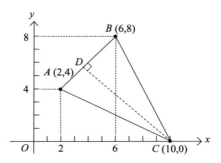

稍事休息

直到决出冠军为止

淘汰赛需要几轮比赛才能选出冠军呢？若有 A、B、C、D 4 支队伍，那么 A—B、C—D，然后再增加一场前两场比赛的胜出者之间的比赛，所以共 3 场比赛。若有 8 支队伍则需要 7 场比赛，16 支队伍需要 15 场比赛，32 支队伍需要 31 场比赛。

（答案）

① 等腰三角形　　② 24cm² 　　③ 6$\sqrt{2}$ cm

（讲解）

① 利用勾股定理，根据右图：

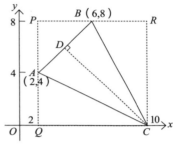

$$AB=\sqrt{(6-2)^2+(8-4)^2}$$
$$AC=\sqrt{(10-2)^2+(4-0)^2}$$
$$BC=\sqrt{(10-6)^2+(8-0)^2}$$
$$AB=\sqrt{32}=4\sqrt{2}\ (cm)$$
$$AC=\sqrt{80}=4\sqrt{5}\ (cm)$$
$$BC=\sqrt{80}=4\sqrt{5}\ (cm)$$

由 $AC=BC$，得△ABC 为等腰三角形。

② 通过 $S_{正方形\,PQCR}-(S_{\triangle PAB}+S_{\triangle AQC}+S_{\triangle BRC})$，可以求取 △$ABC$ 的面积。

$S_{正方形\,PQCR}=8\times 8=64\ (cm^2)$　$S_{\triangle PAB}=4\times 4\times\frac{1}{2}=8\ (cm^2)$

$S_{\triangle AQC}=8\times 4\times\frac{1}{2}=16\ (cm^2)$　$S_{\triangle BRC}=8\times 4\times\frac{1}{2}=16\ (cm^2)$

$64-16-16-8=24\ (cm^2)$，故△ABC 的面积为 24cm²。

③△ABC 的面积为 24cm²，若将底边设为 AB，则 CD 为高。

由于 $AB=4\sqrt{2}$ cm，$CD\times 4\sqrt{2}\times\frac{1}{2}=24\ (cm^2)$，

故　$CD=\dfrac{24}{2\sqrt{2}}=\dfrac{12}{\sqrt{2}}=\dfrac{12\sqrt{2}}{2}=6\sqrt{2}\ (cm)$。

小结

在初中学习的知识里，只知道三边长是无法求出三角形的面积的（除非是直角三角形）。但解决问题时不仅有直接求取的方法，还有用减法思维求取的方法。

第6章

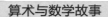 算术与数学故事 **6**

存在两个答案的计算题

根据计算顺序不同答案会发生改变

有这么一个算式：$10 \div 2 \times (2+3)$，它的答案是多少呢？

正确答案是 25，但有不少人会错答为 1。四则运算有运算规则——从左边开始按顺序计算，如果有"（ ）"则先计算"（ ）"中的部分，如果没有"（ ）"就先计算"×"或"÷"，"+"或"−"最后计算。

对于 $10 \div 2 \times (2+3)$，由于先计算"（ ）"中的部分，故算式变为 $10 \div 2 \times 5$。由于从左边开始计算即可，故由 $10 \div 2 = 5$，$5 \times 5 = 25$ 为最终答案。将其用一个算式表示则如下所示：$10 \div 2 \times (2+3) = 5 \times (2+3) = 25$。错答为 1 的人是先计算了 $2 \times (2+3)$ 这一部分，由 $2 \times (2+3) = 10$ 将算式变为 $10 \div 10$，从而得到了 1。

那么在 $100 \div 5a$ 这一算式中，当 $a = 5$ 时是什么计算结果呢？

$100 \div 5 \times 5 = 20 \times 5 = 100$，这个 100 是错误答案。

由于 $a = 5$，先计算 $5a$，由 $5 \times 5 = 25$，再由 $100 \div 25$ 得到答案为 4。

对于不带字母、只有数字的算式，如 $10 \div 2 \times (2+3)$，一般不会省略"×"号将其写成 $10 \div 2(2+3)$。这是因为若省略"×"号则答案会变为 1。

 在四则运算的规则中，除了小括号（ ）之外还有中括号 [ ]、大括号 { }。有多个括号的算式需要从内侧的较小的括号开始计算。

对于带字母的 $10 \div 2（x+3）$ 这一计算，不要改写成 $10 \div 2 \times（x+3）$，应将 $2（x+3）$ 视为一个整体优先计算。

关于这一点，在"算术是有趣之事"（日本的一个网站）上提到了两种计算方法。

一种是在这个计算中不省略符号的方法。

由 $10 \div 2 \times（2+3）$，得 $10 \div 2 \times 5 = 5 \times 5 = 25$。

还有一种是将符号省略的思考方式。

即 $10 \div 2（2+3）$。若要用其他形式来表示这个算式，则可写为 $10 \div [2 \times（2+3）]$。由于这个算式中 $2（2+3）$ 被视为一个整体，故可写为 $\dfrac{10}{2（2+3）}$，从而变为 $10 \div（2 \times 5）= 10 \div 10 = 1$。

因为会产生如上误解，所以对于只有数字的算式，不会将符号省略。

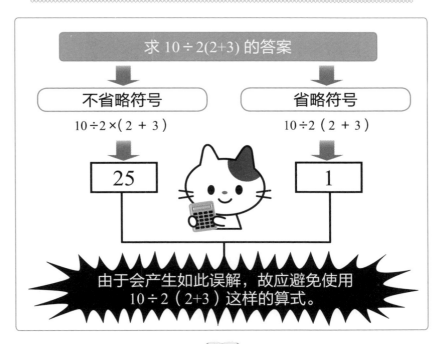

求 $10 \div 2(2+3)$ 的答案

不省略符号　　　　省略符号

$10 \div 2 \times（2 + 3）$　　　$10 \div 2（2 + 3）$

25　　　　1

由于会产生如此误解，故应避免使用 $10 \div 2（2+3）$ 这样的算式。

塞瓦定理

这一定理记载于意大利数学家乔瓦尼·塞瓦在 1678 年出版发行的著作中，它是一个几何学定理。在 △ABC 中，在 BC、CA、AB 上分别有点 D、E、F，当 3 条直线 AD、BE、CF 相交于一点 P 时，有 $\dfrac{BD}{DC}\cdot\dfrac{CE}{EA}\cdot\dfrac{AF}{FB}=1$ 这一关系成立。

这被称为"塞瓦定理"。

三角形的 3 条中线相交于一点，该点为三角形的重心，其是在特定条件下成立的塞瓦定理。

点 P 为重心（图 1）

BD=DC

AE=EC

AF=FB

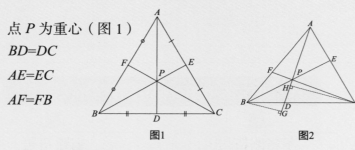

图1　　　　　　图2

一般情况下的塞瓦定理可依如下方式证明。

设 3 条直线 AD、BE、CF 的交点为 P。

从点 B、C 出发作 AD 的垂线 BG、CH，如图 2 所示。在 △ABP 和 △CAP 中，若 AP 为底边，则 $\dfrac{S_{\triangle ABP}}{S_{\triangle CAP}}=\dfrac{BG}{CH}$。由 BG// CH，得 $\dfrac{BG}{CH}=\dfrac{BD}{CD}$（△GBD∽△HCD），因此，$\dfrac{S_{\triangle ABP}}{S_{\triangle CAP}}=\dfrac{BD}{CD}=\dfrac{BD}{DC}$。同理，$\dfrac{S_{\triangle BCP}}{S_{\triangle ABP}}=\dfrac{CE}{EA}$ 和 $\dfrac{S_{\triangle CAP}}{S_{\triangle BCP}}=\dfrac{AF}{FB}$ 亦成立。

$$\frac{BD}{DC}\cdot\frac{CE}{EA}\cdot\frac{AF}{FB}=\frac{S_{\triangle ABR}}{S_{\triangle CAP}}\cdot\frac{S_{\triangle BCP}}{S_{\triangle ABR}}\cdot\frac{S_{\triangle CAP}}{S_{\triangle BCP}}=1$$

可约分

尾声

有助于每日生活的
算术与数学

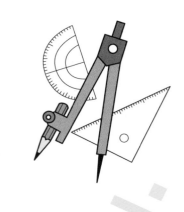

日常生活中的解决问题能力与数学

虽然解决数学问题的步骤在代数题和几何题中有些许差异，但流程大体相同。此处便以代数题为例进行说明。解决文字题需要以下 9 要素。

① 阅读理解能力（语言能力）——用文字理解问题内容的能力

② 分析能力——抽出简单关系的能力

③ 目的与目标的设定——确定需要求取的答案是什么

④ 知识领悟力——把了解到的知识放入大脑的能力

⑤ 推理能力——调动元认知，明确应该运用哪些知识去解决问题的能力（元认知是指自己充分认识到自己的认知并对其进行调节）

⑥ 通过可视化表达观察整体的能力——用具体的图表进行展示的能力

⑦ 抽象能力——将文字转换为字母并构建表达式的能力

⑧ 运算能力——通过计算得到正确答案的能力

⑨ 判断能力——灵活运用元认知，检查答案是否正确的能力

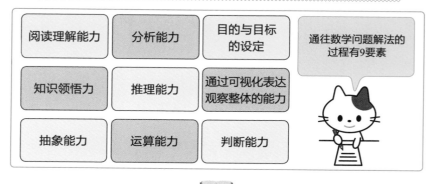

在解决算术或数学问题时，首先需要理解问题题干中提示了什么，即需要阅读理解能力。接下来进行的操作是尝试写出从问题题干中读出的关键词，即只提取重要条件。因为若被细枝末节的、无关紧要的条件夺去注意力，则无法看到重要的条件，所以需要注意这一点，此为分析能力。接着再次确认需要求什么，这和若盲目地工作则无法做好工作是同样的道理。树立目标并向其迈进需要分步进行，此为目的与目标的设定。设定目标后，再判断需要用到迄今为止学到的知识中的哪些部分，这就是知识领悟力和推理能力。

即使是复杂的内容，若用图表进行展现，有时便能发现之前无法发现的东西。这在算术或数学的文字题中尤为重要，这就是通过可视化表达观察整体的能力。在文字题很长且难以理解的情况下，将其转换为抽象的字母也十分重要。由此，便可以简洁明了地表达复杂的内容——使用带 x、y 等字母的表达式来表现问题内容即可，此为抽象能力。

为了解决数学问题，充分理解并记忆公式、定理和定义十分重要。掌握基本原理或结构，便可解决各种应用题，这就是知识领悟力。而若能构建出表达式，之后便需要运算能力。

最后便是包括验算在内的对答案的确认。灵活运用元认知确认答案是否正确，此为判断能力。

尾声

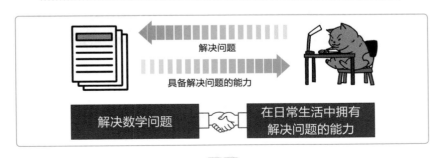

解决问题

具备解决问题的能力

解决数学问题　　在日常生活中拥有解决问题的能力

用数学思维丰富人生

算术和数学是生存所需的重要能力

人们在日常生活中会遇到各种各样的问题。当遇到稍微困难的问题时，处理问题的方式有时会使今后的人生产生巨大改变。创造自己的人生需要一些能力和要素，而数学能力便是其中之一。

前文将解决数学问题的方法分类为9要素并逐一介绍，这同时也是加强"逻辑思维能力"的练习。具备这一能力，不仅有助于工作和学习，还可以提高获得幸福人生的概率。据说无论从几岁开始，这一能力都可以通过训练得到提高。

通过掌握数学问题的解决方法从而改变生活方式是非常有可能的。数学思维对工作或日常生活会产生许多积极影响。然而，只是丰富数学思维并锻炼逻辑思维能力还无法高效工作。除数学外，还需要以下3要素。

① 语言能力

语言能力可分为6要素——说、听、读文章、写文章、概括文章及表达自己的想法。若缺乏这些能力，阅读书籍将变为一件

解决数学问题的9要素 ↔ 用元认知增强逻辑思维能力

在工作或日常生活中，有许多积极作用！

痛苦的事情，还可能因人与人之间的交流无法顺利进行而导致生活都变得艰难。

② 社会力

社会力这一用语在日本最早由日本教育社会学者门胁厚司使用。"社会力"指与社会积极地产生联系，对社会做出一些行动，并对社会产生一些影响的能力。即灵活运用数学问题的解决方法，推动社会发展的能力。

③ EQ

仅有语言能力＋社会力依然不够。除了这些，"EQ"也十分重要。EQ 是美国心理学家丹尼尔·戈尔曼所推广的概念，是"Emotional Quotient"（情绪商数，常简称为情商）的缩写。EQ 由"自信""好奇心""计划性""自制力""同伴意识""相互理解能力"与"协调能力"7 要素组成。

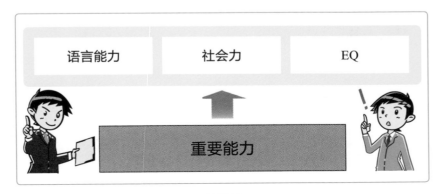

切割线定理

设从圆 O 外一点 T 出发引圆的切线，切点为 P。设过点 T 的割线与圆相交的两点为 A、B。此时 $TP^2=TB \cdot TA$。

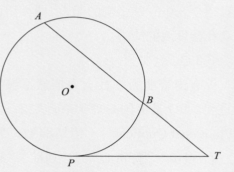

这被称为切割线定理。

切割线定理可按照以下方式证明。

如下所示，连接 AP、BP，由弦切角定理（见第34页），可得 $\angle PAT = \angle BPT$。

在 $\triangle APT$ 和 $\triangle PBT$ 中，$\angle ATP = \angle PTB$（公共角）。

由于两个三角形中有 2 个角分别相等，

故 $\triangle APT \backsim \triangle PBT$，

$TA : TP = TP : TB$，

故 $TP^2 = TB \cdot TA$ 成立。

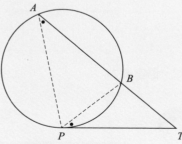

PT为切线，P为切点